高等职业院校信息技术应用"十三五"规划教材

计算机应用基础
任务化教程

（Windows 7+Office 2010）（第2版）

高胜利 蒋道霞 ■ 主编

薛志红 ■ 副主编

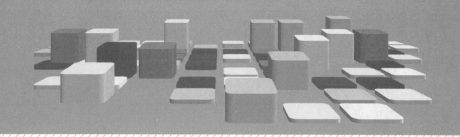

U0324699

人民邮电出版社

北 京

图书在版编目（CIP）数据

计算机应用基础任务化教程：Windows 7 + Office 2010 / 高胜利，蒋道霞主编. -- 2版. -- 北京：人民邮电出版社，2020.1
高等职业院校信息技术应用"十三五"规划教材
ISBN 978-7-115-52989-3

Ⅰ．①计… Ⅱ．①高… ②蒋… Ⅲ．①Windows操作系统－高等职业教育－教材②办公自动化－应用软件－高等职业教育－教材 Ⅳ．①TP316.7②TP317.1

中国版本图书馆CIP数据核字(2019)第282023号

内 容 提 要

本书以着力培养高职高专学生的信息素养为突破口，依据教育部高职高专计算机应用基础教学大纲、全国计算机等级考试一级计算机基础及 MS Office 应用考试大纲、全国计算机等级考试二级 MS Office 高级应用考试大纲编写而成。本书以学生能力提升为本位，以"理论够用为度、技能实用为本"为指导思想，精心设置教学内容，重构知识与技能形式，体现案例教学、任务驱动等教学改革思路。本书涵盖了计算机基础知识、计算机网络技术与 Internet、Windows 7 操作系统、Word 2010 文字处理、Excel 2010 电子表格、PowerPoint 2010 演示文稿等内容。

本书紧跟计算机应用技术动态，内容翔实、结构清晰、语言简练，具有很强的操作性和实用性，既可作为高职高专及中等职业院校计算机公共基础课程的教材，也可作为全国计算机等级考试相关科目的参考书籍及社会各行各业人员学习计算机操作技能的书籍。

◆ 主　编　高胜利　蒋道霞
　　副 主 编　薛志红
　　责任编辑　左仲海
　　责任印制　马振武

◆ 人民邮电出版社出版发行　　北京市丰台区成寿寺路 11 号
　　邮编　100164　电子邮件　315@ptpress.com.cn
　　网址　http://www.ptpress.com.cn
　　三河市君旺印务有限公司印刷

◆ 开本：787×1092　1/16
　　印张：12.5　　　　　　　　　2020 年 1 月第 2 版
　　字数：328 千字　　　　　　　2020 年 1 月河北第 1 次印刷

定价：38.00 元

读者服务热线：(010)81055256　印装质量热线：(010)81055316
反盗版热线：(010)81055315
广告经营许可证：京东工商广登字 20170147 号

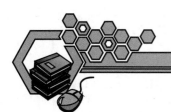

前　言

　　计算机技术日新月异，计算机已经成为人们工作、学习和生活的基本工具。教育部相关文件明确提出高职教育计算机应用基础课程基本要求的核心是提高高职高专学生的信息素养，培养学生获得、分析、处理、应用信息的能力，增强学生利用网络资源优化自身知识结构与技能水平的自觉性。为了适应当前高职高专教育教学改革与人才培养的新形势和新要求，并着眼于高素质技术技能型人才对计算机应用基础课程学习的需求，本书编写组组织教师对编写思路和大纲进行了深入细致的研讨。全体编者一致认为，只有创新课程、教材、教学模式和评价体系，才能实现人才培养模式的转变，促进课程教学质量和效率的提升，进而提高学生的职业道德、专业能力与职业能力。遵循这一指导思想，编者将计算机应用技术发展的最新动态与长期积累的教学经验深度融合，精心设计和组织了本书内容。

　　本书内容紧跟主流技术，介绍了目前流行的 Windows 7 操作系统和 Office 2010 办公软件的操作方法和操作技巧。全书主要内容包括计算机基础知识、计算机网络技术与 Internet、Windows 7 操作系统、Word 2010 文字处理、Excel 2010 电子表格、PowerPoint 2010 演示文稿 6 个单元。全书采用任务式教学方法组织教学内容，尤其注重提升学生的实践能力和创新意识。本书力求取材合理、深度适当、内容实用、操作步骤通俗易懂。书中各个任务都是经过精心挑选和有效组织的，具有很强的针对性、实用性和可操作性。

　　本书内容丰富，格调清新，文字叙述通俗易懂，注重互动性，富有逻辑性和启发性，对提高学生的信息素养和人文素养具有一定的作用。为了使读者更好地巩固所学知识，本书的重要任务还配有精心设置的创新作业。

　　本书由高胜利、蒋道霞主编，薛志红任副主编，其中单元 1 和单元 4 由王亚老师编写，单元 2 由傅伟玉老师编写，单元 3 由秦媛媛老师编写，单元 5 由薛志红老师编写，单元 6 由笪林梅老师编写。

编　者
2020 年 1 月

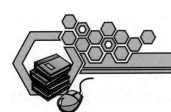

目　录

单元 1　计算机基础知识 ………………… 1

任务一　掌握计算机基础知识 ………… 1

一、计算机的发展简史 ……………… 1

二、计算机的特点与性能指标 ……… 3

三、计算机中常见的词 ……………… 4

四、课后总结和练习 ………………… 5

任务二　数制与编码 …………………… 5

一、数制与编码 ……………………… 5

二、二进制、八进制、十进制和

十六进制 ……………………… 5

三、数制的转换 ……………………… 6

四、计算机中的数据编码 …………… 11

五、课后总结和练习 ………………… 14

任务三　计算机硬件系统 ……………… 14

一、运算器 …………………………… 15

二、控制器 …………………………… 15

三、存储器 …………………………… 15

四、输入设备 ………………………… 18

五、输出设备 ………………………… 18

六、课后总结和练习 ………………… 19

任务四　计算机软件系统 ……………… 19

一、计算机软件系统 ………………… 19

二、课后总结和练习 ………………… 21

任务五　指令和程序设计语言 ………… 21

一、计算机指令 ……………………… 21

二、计算机的工作过程 ……………… 22

三、程序设计语言 …………………… 22

四、课后总结和练习 ………………… 23

习题 ……………………………………… 23

单元 2　计算机网络技术与 Internet …… 26

任务一　掌握计算机网络基础知识 …… 26

一、计算机网络的基本概念与

发展 …………………………… 26

二、计算机网络的功能 ……………… 28

三、计算机网络的分类 ……………… 28

四、计算机网络的组成 ……………… 30

五、计算机网络的硬件 ……………… 30

六、数据通信 ………………………… 32

七、网络体系结构和网络协议 ……… 33

任务二　Internet 技术及应用 ………… 34

一、Internet 概述 …………………… 34

二、Internet 提供的服务 …………… 34

三、Internet 的地址 ………………… 35

四、连接到 Internet ………………… 36

习题 ……………………………………… 37

单元 3　Windows 7 操作系统 ………… 41

任务一　认识 Windows 7 界面 ……… 41

一、Windows 7 界面概述 …………… 41

二、Windows 7 界面介绍 …………… 45

任务二　设置个性化 Windows 7

工作环境 ……………………… 46

一、Windows 7 个性化设置 ………… 46

二、Windows 7 工作环境设置 ……… 48

任务三　管理 Windows 7 文件及

文件夹 ………………………… 50

一、Windows 7 文件系统 …………… 50

二、Windows 7 文件及文件夹管理 … 51

三、文件保护 ………………………… 55

任务四　实现 Windows 7 磁盘管理 …… 59

一、磁盘清理 ………………………… 59

二、磁盘碎片整理 …………………… 59

三、磁盘硬件管理 …………………… 59

习题 ……………………………………… 60

单元 4　Word 2010 文字处理 ………… 62

任务一　多媒体制作大赛通知——

格式设置与排版 ……………… 62

一、认识 Word 2010 ………………… 66

二、文字段落设置 …………………… 72

三、拓展与技巧 ……………………… 76

任务二　大学生求职自荐材料制作——

表格设计 ……………… 84
一、创建表格 …………… 89
二、表格的编辑和修改 …… 91
三、表格的设计 ………… 93
任务三　公司招聘简章制作——图文
混排 ………………… 95
一、设置文字格式 ……… 96
二、设置图形格式 ……… 99
三、绘制图形 ………… 100
四、艺术字 …………… 101
五、文本框 …………… 102
六、图片 ……………… 103
七、SmartArt 图形 …… 104
八、图表 ……………… 105
任务四　奖状制作——邮件合并 … 107
一、主文档与数据源 …… 110
二、应用邮件合并功能 … 110
三、拓展与技巧 ……… 113
四、创新作业 ………… 114
习题 ………………… 116

单元 5　Excel 2010 电子表格 …… 120
任务一　Excel 2010 基本操作 …… 120
一、调整表格的列宽与行高 123
二、设置字体格式 …… 123
三、设置对齐方式 …… 124
四、自动套用格式或模板 … 124
五、条件格式 ………… 124
六、拓展与技巧 ……… 125
七、创新作业 ………… 131
任务二　Excel 2010 的数据计算与
函数应用 …………… 131
一、Excel 2010 公式的构成 133
二、Excel 2010 公式的输入 133
三、复制公式 ………… 133
四、自动求和按钮的使用 … 133
五、输入函数 ………… 133
六、常用函数 ………… 134
七、拓展与技巧 ……… 139
八、创新作业 ………… 139
任务三　Excel 2010 的数据管理 … 140
一、数据排序 ………… 141
二、数据筛选 ………… 143

三、分类汇总 ………… 146
四、数据透视表和数据透视图 … 147
五、拓展与技巧 ……… 150
六、创新作业 ………… 150
任务四　Excel 2010 图表制作 …… 151
一、创建图表 ………… 151
二、编辑图表 ………… 152
三、在工作表中建立超链接 … 153
四、拓展与技巧 ……… 153
五、创新作业 ………… 153
任务五　工作表打印 …………… 153
一、页面设置 ………… 154
二、打印预览 ………… 156
习题 ………………… 156

单元 6　PowerPoint 2010 演示文稿 … 159
任务一　演示文稿的创建 ……… 159
一、PowerPoint 2010 的启动与
退出 ……………… 159
二、PowerPoint 2010 窗口的组成 … 160
三、视图方式 ………… 161
四、创建演示文稿 …… 164
五、保存演示文稿 …… 165
六、打印演示文稿 …… 165
任务二　演示文稿的编辑 ……… 166
一、幻灯片的基本操作 … 166
二、插入对象 ………… 168
任务三　演示文稿的外观设置 …… 174
一、主题设置 ………… 174
二、背景设置 ………… 175
三、母版设置 ………… 177
任务四　演示文稿的完善 ……… 181
一、动作按钮 ………… 181
二、超链接 …………… 182
三、动画效果 ………… 183
四、切换方案 ………… 185
任务五　演示文稿的放映打包 …… 186
一、设置放映方式 …… 186
二、设置放映时间 …… 187
三、录制旁白 ………… 188
四、启动放映 ………… 188
五、打包演示文稿 …… 191
习题 ………………… 192

单元1

计算机基础知识

任务一　掌握计算机基础知识

计算机（Computer）是 20 世纪最伟大的科学技术发明之一。

计算机是一种能够通过程序运行，自动、高速处理海量数据的现代化智能电子设备。它由硬件系统和软件系统组成。没有安装任何软件的计算机称为裸机。计算机的种类较多，可分为超级计算机、工业控制计算机、网络计算机、个人计算机和嵌入式计算机 5 类，较先进的计算机有生物计算机、光子计算机、量子计算机等。

当今信息社会里，计算机作为不可或缺的工具，已经在人们的生产、生活等方面占据着举足轻重的位置。

一、计算机的发展简史

世界上第一台电子数字式计算机于 1946 年 2 月 15 日在美国宾夕法尼亚大学正式投入运行，它的全称为电子数值积分计算机（The Electronic Numerical Intergrator and Computer，ENIAC），音译为埃尼阿克，如图 1-1-1 所示。它使用了 17 468 个真空电子管，功率为 150kW，占地 167 平方米，重达 27 吨，每秒可进行 5 000 次加法运算。虽然其功能还比不上今天最普通的一台微型计算机，但在当时它的运算速度独占鳌头，并且其运算的精确度和准确度也是史无前例的。以圆周率（π）的计算为例，中国古代科学家祖冲之利用算筹，耗费 15 年心血，才把圆周率计算到小数点后 7 位数。一千多年后，英国人尚克斯以毕生精力将圆周率计算到小数点后 707 位。而使用 ENIAC 进行计算，仅用了 40 秒就达到了这个记录，ENIAC 还发现在尚克斯的计算中，第 528 位的计算数字结果是错误的。

ENIAC 奠定了电子计算机的发展基础，开辟了一个计算机科学技术的新纪元，使人们从繁杂的脑力劳动中解脱出来，有人将其称为人类第三次产业革命开始的标志。

1945 年 6 月，美籍数学家冯·诺伊曼（Von Neumann）提出了一个利用二进制数进行"存储程序"的计算机设计方案。这个方案确定了以下内容。

① 以二进制形式表示数据和指令。

② 指令和数据同时存放在存储器中，并使计算机自动执行。

③ 计算机由运算器、控制器、存储器、输入设备和输出设备 5 大部分组成，从而奠定了计算机的结构理论体系。图 1-1-2 所示为冯·诺伊曼的照片。

图 1-1-1　世界上第一台计算机

图 1-1-2　冯·诺伊曼

冯·诺依曼的这些理论的提出，解决了计算机运算自动化的问题和速度配合问题，对后来计算机的发展起到了决定性的作用。直至今天，绝大部分计算机还是采用冯·诺伊曼的方式工作。

ENIAC 诞生后短短的几十年间，计算机的发展突飞猛进。计算机的主要电子器件相继使用了晶体管，中、小规模集成电路和大规模、超大规模集成电路，从而引起计算机的几次更新换代。电子元器件每一次更新换代都使计算机的体积和耗电量大大减小，功能大大增强，应用领域进一步拓宽。特别是体积小、价格低、功能强的微型计算机的出现，使计算机迅速普及，计算机进入了办公室和家庭，在办公自动化和多媒体应用方面发挥了很大的作用。目前，计算机的应用已扩展到社会的各个领域。

根据构成计算机主要元器件的不同，计算机的发展大致经历了 4 代。

1. 第一代计算机：电子管数字计算机（1946～1958 年）

硬件方面，逻辑元件采用真空电子管，主存储器采用汞延迟线、阴极射线示波管静电存储器、磁鼓、磁芯；外存储器采用磁带。软件方面，采用机器语言、汇编语言。应用领域以军事和科学计算为主。特点是体积大、功耗高、可靠性差、速度慢（一般为每秒数千次至数万次）、价格昂贵，但电子管数字计算机为以后计算机的发展奠定了基础。

2. 第二代计算机：晶体管数字计算机（1958～1964 年）

硬件方面，逻辑元件采用晶体管，主存储器采用磁芯，外存储器采用磁盘。软件方面，出现了以批处理为主的操作系统、高级语言及其编译程序。应用领域以科学计算和事务处理为主，并开始进入工业控制领域。特点是体积缩小、能耗降低、可靠性较高、运算速度较高（一般为每秒数 10 万次，最高可达每秒 300 万次）、性能比第一代计算机有很大的提高。

3. 第三代计算机：集成电路数字计算机（1964～1970 年）

硬件方面，逻辑元件采用中、小规模集成电路（MSI、SSI），主存储器仍采用磁芯。软件方面，出现了分时操作系统以及结构化、规模化程序设计方法。特点是速度更快（一般为每秒数百万次至数千万次），可靠性有了显著提高，价格进一步下降，产品走向了通用化、系列化和标准化。开始涉及文字处理和图形图像处理领域。

4. 第四代计算机：大规模集成电路计算机（1970 年至今）

硬件方面，逻辑元件采用大规模和超大规模集成电路（LSI 和 VLSI）。软件方面，出现了数据库管理系统、网络管理系统和面向对象程序设计语言等。1971 年世界上第一台微处理器在美国硅谷诞生，开创了微型计算机的新时代，这一阶段计算机的应用领域从科学计算、事务管理、过程控制逐步走向家庭应用。

随着微型处理器结构的微型化，计算机从之前的反应用于国防军事领域开始向社会各个领域发展，如教育系统、商业领域、家庭生活等，计算机的应用在我国也越来越普遍。改革开放以后，我国计算机用户的数量不断攀升，应用水平不断提高，特别是互联网、通信、多媒体和嵌入式技术等领域都取得了不错的成绩。

了解计算机的诞
生及发展过程

二、计算机的特点与性能指标

1. 计算机的特点

计算机的特点主要有以下 5 个。

（1）运算速度快、计算能力强。通常所说的计算机运算速度是指计算机每秒所能执行的指令条数，一般用百万条指令/秒（Million Instruction Per Second，MIPS）来描述。超级计算机每秒可运行万亿条指令，微型计算机每秒也可进行亿次以上运算，过去采用人工计算需要几年、几十年才能解决的问题，现在使用计算机仅需几天甚至更短的时间即可完成，其数据处理的速度之快，是其他任何工具无法比拟的。

（2）计算精度高、数据准确度高。计算机的计算精度与计算机的字长有关，字长越长，能处理的有效数字越多，计算的精度越高。加上有效的数值计算方法，计算机能把圆周率计算到小数点后 2 亿位。

（3）具有记忆和逻辑判断功能。计算机具有强大的存储器，计算机不仅能存储大量的数据，还能存储指挥计算机运行的程序，使计算机能判断何时该做什么和不该做什么。具有可靠的逻辑判断能力是计算机能实现信息处理自动化的重要原因。能进行逻辑判断，使计算机不仅能对数值数据进行处理，也能对非数值数据进行处理，使计算机能广泛应用于非数值数据处理领域，如信息检索、图形识别以及各种多媒体应用等。

（4）自动化程度高。利用计算机解决问题时，人们启动计算机输入编制好的程序以后，计算机可以自动执行程序，一般不需要人直接干预运算、处理和控制过程。

（5）具有数据传输和通信能力。计算机和通信技术的结合，使现代计算机具有数据传输和通信的能力；特别是计算机网络的出现，使地理上分散的计算机可以共享硬件资源、软件资源和信息资源。

总之，随着计算机技术的发展，计算机的体积越来越小、运算速度越来越快、价格越来越低、功能越来越强、应用范围越来越广泛。

2. 计算机的性能指标

计算机功能的强弱或性能的好坏，不是由某项指标决定的，而是由它的系统结构、指令系统、硬件组成、软件配置等多方面的因素综合决定的。对于大多数普通用户来说，计算机的性能可以从以下几个指标来大体评价。

（1）运算速度。运算速度是衡量计算机性能的一项重要指标。同一台计算机，执行不同运算所需时间的不同，因而对运算速度的描述常采用不同的方法。常用的描述方法有 CPU 时钟频率（主频）、每秒平均执行指令数（IPS）等。一般来说，主频越高，运算速度就越快。

（2）字长。计算机在同一时间内处理的一组二进制数称为一个计算机的"字"，而这组二进制数的位数就是"字长"。在其他指标相同时，字长越长，计算机处理数据的速度就越快。早期的微型计算机的字长一般是 8 位和 16 位。目前，使用 586 系列 CPU（Pentium、Pentium Pro、Pentium II、Pentium III、Pentium 4）的计算机大多是 32 位，现在的大多数计算机字长都是 64 位。

（3）内存储器的容量。内存储器，也简称主存，是 CPU 可以直接访问的存储器，需要执行的程序与需要处理的数据就存放在主存中。内存储器容量的大小反映了计算机即时存储信息的能力。随着操作系统的升级、应用软件的不断丰富及计算机功能的不断扩展，人们对计算机内存容量的需求也不断提高。目前，运行 Windows XP 需要 128 MB 以上的内存容量；运行 Windows 7 需要 512 MB 以上的内存容量。内存容量越大，计算机的系统功能就越强大，能处理的数据量就越庞大。

（4）外存储器的容量。外存储器的容量通常指硬盘容量（包括内置硬盘和移动硬盘）。外存储器的容量越大，可存储的信息就越多，可安装的应用软件就越丰富。目前，硬盘容量一般为 50～500 GB，有的甚至已达到 1TB。

除了上述这些主要性能指标外，微型计算机还有其他一些指标，如计算机配置的外围设备的性能以及其所配置系统软件的情况等。另外，各项指标之间也不是彼此孤立的，在实际应用时，应该把它们综合起来考虑。

三、计算机中常见的词

1. 数据单位

（1）位（bit）。位音译为"比特"，是计算机内信息的最小容量单位。计算机中最直接、最基本的操作就是对二进制位的操作。一个二进制位可表示 2 种状态（0 或 1）。两个二进制位可表示 4 种状态（00、01、10、11）。位数越多，其表示的状态就越多。

（2）字节（Byte）。为表示一个字符（字母、数字以及各种专用符号，大约有 256 个），需要 7 位或 8 位二进制数。因此，人们选定 8 位为一个字节（Byte），通常用 B 表示。1 个字节由 8 个二进制数位组成，即 1 B=8 bit。

字节是计算机中用来表示存储空间大小的最基本的容量单位。例如，计算机内存的存储容量、磁盘的存储容量等都是以字节为单位表示的。一个字节可以存储一个字符，两个字节可以存储一个汉字。

除用字节为单位表示存储容量外，还可以用千字节（KB）、兆字节（MB）以及千兆字节（GB）等来表示存储容量。它们之间存在下列换算关系。

$$千字节 \quad 1 \text{ KB}=2^{10}\text{B}=1\ 024\ \text{B}$$
$$兆字节 \quad 1 \text{ MB}=2^{20}\text{B}=1\ 024\ \text{KB}$$
$$吉字节 \quad 1 \text{ GB}=2^{30}\text{B}=1\ 024\ \text{MB}$$
$$太字节 \quad 1 \text{ TB}=2^{40}\text{B}=1\ 024\ \text{GB}$$

例如，一台 Pentium 4 微机，内存容量为 512 MB，外存储器软盘容量为 1.44 MB，硬盘容量为 200 GB。

内存容量=512 × 1 024 × 1 024 B

软盘容量=1.44 × 1 024 × 1 024 B

硬盘容量=200 × 1 024 × 1 024 × 1 024 B

2. 运算速度

（1）CPU 时钟频率（主频）。计算机的操作在时钟信号的控制下分步执行，计算机在每个时钟信号周期完成一步操作，时钟频率的高低在很大程度上反映了 CPU 速度的快慢。以搭载 Pentium CPU 的微型计算机为例，其主频一般有 1.7 GHz、2 GHz、2.4 GHz、3 GHz 等。

（2）每秒平均执行指令数（I/S）。通常用 1 秒内能执行的定点加减运算指令的条数作为 I/S 的值。由于 I/S 单位太小，使用不便，实际中常用 MIPS，即每秒能执行的百万条指令来作为 CPU 的速度指标。

四、课后总结和练习

1. 重点分析

掌握计算机的特点与性能指标，了解计算机的发展阶段。

2. 练习

（1）计算机的发展经历了哪几个阶段？

（2）计算机有哪些特点？

（3）第一台计算机诞生于哪一年？

（4）微型计算机的字长有哪几种？

任务二　数制与编码

一、数制与编码

虽然计算机能极快地进行运算，但其内部并不像人类在实际生活中那样使用十进制，而是使用只包含 0 和 1 两个数值的二进制。人们输入计算机的十进制数被转换成二进制数进行计算，计算后的结果又由二进制数转换成十进制数，这都由操作系统自动完成，并不需要人们手工去做。学习汇编语言，就必须了解二进制（还有八进制和十六进制）。

数制也称计数制，是用一组固定的符号和统一的规则来表示数值的方法。人们通常采用的数制有十进制、二进制、八进制和十六进制。

编码是用预先规定的方法将文字、数字或其他对象编成数码，或将信息、数据转换成规定的电脉冲信号。编码在电子计算机、电视、遥控和通信等方面广泛使用。编码是将信息从一种形式或格式转换为另一种形式的过程。解码是编码的逆过程。

二、二进制、八进制、十进制和十六进制

在人们使用的各种进位计数制中，表示数的符号在不同的位置上时所代表的数值是不同的，

这就引出了"位权"的概念。我们把每位数上的数字 1 所表示的十进制数的值称为该位的权。

1. 二进制

二进制（Binary，B）是计算技术中广泛采用的一种数制。二进制数据是用 0 和 1 两个数码来表示的数。它的基数为 2，进位规则是"逢二进一"，借位规则是"借一当二"，二进制由 18 世纪德国数理哲学大师莱布尼茨发现。当前，计算机系统使用的基本是二进制系统。

2. 八进制

八进制（Octal，O）在早期的计算机系统中很常见。八进制数字用 0、1、2、3、4、5、6、7 这 8 个字符进行描述。它的基数为 8，计数规则是"逢八进一"。

3. 十进制

十进制（Decimal，D）是人们日常生活中最熟悉的进位计数制。十进制数字用 0、1、2、3、4、5、6、7、8、9 这 10 个符号来描述。它的基数是 10，计数规则是"逢十进一"。

全世界通用的十进制，即逢十进一，满二十进二……依次类推。按权展开，整数部分，小数点向左第一位权为 10^0，第二位权为 10^1……依次类推，第 i 位权为 10^{i-1}；小数部分，小数点向右第一位权为 10^{-1}，第二位权为 10^{-2}……依次类推，第 i 位权为 10^{-i}。该数的数值等于每一位的数值与该位对应权值的乘积之和。

例如，对于十进制数 123.45，整数部分的第一个数码 1 处在百位，表示 100；第二个数码 2 处在十位，表示 20；第三个数码 3 处在个位，表示 3；小数点后第一个数码 4 处在十分位，表示 0.4；小数点后第二个数码 5 处在百分位，表示 0.05。也就是说，十进制数 123.45 可以写成：

$$123.45=1\times10^2+2\times10^1+3\times10^0+4\times10^{-1}+5\times10^{-2}$$

上式称为数值的按权展开式，其中 10^i 称为十进制数位的位权。

4. 十六进制

十六进制（Hexadecimal，H）是人们在计算机指令代码和数据的书写中经常使用的数制。十六进制数字用 0～9 和 A～F（或 a～f）这 16 个符号来描述。它的基数是 16，计数规则是"逢十六进一"。

十六进制与十进制的对应关系是：0～9 对应 0～9；A～F 对应 10～15；N 进制的数可以用 0～(N-1) 的数码表示，其中超过 9 的数用字母表示。

三、数制的转换

不同的数制之间可以进行相互转换。

1. 二进制数与十进制数的转换

（1）二进制数转换成十进制数。由二进制数转换成十进制数的基本做法是，把二进制数首先写成加权系数展开式，然后按十进制加法规则求和。这种做法称为"按权相加"法。

例如，二进制数 $(110.11)_2=1\times2^2+1\times2^1+0\times2^0+1\times2^{-1}+1\times2^{-2}=(6.75)_{10}$。

类似的，其他进制数（八进制、十六进制）转换为十进制数也"按位权"展开，然后按常规运算方法求和。

例题 1：将二进制数 1101.11 转换成十进制数。

$(1101.11)_2 = 1\times2^3+1\times2^2+0\times2^1+1\times2^0+1\times2^{-1}+1\times2^{-2} = (13.75)_{10}$

例题 2：将十六进制数 A6F 转换成十进制数。

$(A6F)_{16} = 10 \times 16^2 + 6 \times 16^1 + 15 \times 16^0 = (2671)_{10}$

例题 3：将八进制数 1365 转换成十进制数。

$(1365)_8 = 1 \times 8^3 + 3 \times 8^2 + 6 \times 8^1 + 5 \times 8^0 = (757)_{10}$

课堂练习：将二进制数 1101.101、十六进制数 ABC7 转换成十进制数；将八进制数 1231 转换成十进制数。

（2）十进制数转换为二进制数。将十进制数转换为二进制数时，由于整数和小数的转换方法不同，所以将十进制数的整数部分和小数部分分别转换后，再加以合并。

① 十进制整数转换为二进制整数。十进制整数转换为二进制整数采用"除 2 取余，反写"法。具体方法是：用十进制整数除以 2，得到一个商和余数；再用商除以 2，又会得到一个商和余数，依次类推，直到商为零时为止，然后，把先得到的余数作为二进制数的低位有效位，后得到的余数作为二进制数的高位有效位，依次排列起来。

例题 4：将十进制数 215 转化为二进制数。

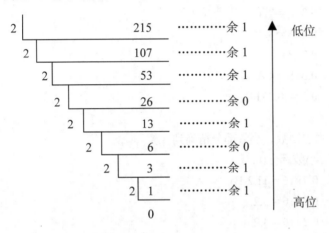

结果是：$(215)_{10} = (11010111)_2$

② 十进制小数转换为二进制小数。十进制小数转换成二进制小数采用"乘 2 取整，正写"法。具体方法是：用 2 乘以十进制小数，可以得到积，将积的整数部分取出（整数部分是 0 也要取出），再用 2 乘以余下的小数部分，又得到一个积，再将积的整数部分取出，依次类推，直到积中的小数部分为零，或者达到所要求的精度为止。

然后，把取出的整数部分按顺序排列起来，将先取出的整数作为二进制小数的高位有效位，后取出的整数作为低位有效位。

例题 5：将十进制数 0.75 转化为二进制数。

```
  0.75
×  2
───────
  1.50  ……………… 取 1    高位
  0.50
×  2
───────
  1.00  ……………… 取 1    低位
```

结果是：$(0.75)_{10} = (0.11)_2$

例题 6：将 $(13.6875)_{10}$ 转换为二进制数。

整数部分(13)　　　　　　　　小数部分(0.6875)

$13 \div 2 = 6 \cdots 1$　　　　　　$0.6875 \times 2 = \underline{1}.375$

$6 \div 2 = 3 \cdots 0$　　　　　　　$0.375 \times 2 = \underline{0}.75$

$3 \div 2 = 1 \cdots 1$　　　　　　　$0.75 \times 2 = \underline{1}.5$

$1 \div 2 = 0 \cdots 1$　　　　　　　$0.5 \times 2 = \underline{1}.0$

$13 = (1101)_2$　　　　　　　$0.6875 = (0.1011)_2$

结果是：$(13.6875)_{10} = (1101.1011)_2$

类似地，十进制数转换为八进制数，整数部分采用"除8取余，反写"法，小数部分采用"乘8取整，正写"法；十进制数转换为十六进制数，整数部分采用"除16取余，反写"法，小数部分采用"乘16取整，正写"法。

例题7：将$(654.3)_{10}$转换为八进制数，小数部分精确到4位。

整数部分(654)　　　　　　　小数部分(0.3)

$654 \div 8 = 81 \cdots 6$　　　　　$0.3 \times 8 = \underline{2}.4$

$81 \div 8 = 10 \cdots 1$　　　　　$0.4 \times 8 = \underline{3}.2$

$10 \div 8 = 1 \ \cdots 2$　　　　　$0.2 \times 8 = \underline{1}.6$

$1 \div 8 = 0 \ \cdots 1$　　　　　　$0.6 \times 8 = \underline{4}.8$

$654 = (1216)_8$　　　　　　$0.3 \approx (0.2314)_8$

结果是：$(654.3)_{10} \approx (1216.2314)_8$

例题8：将$(6699.7)_{10}$转换为十六进制数，小数部分精确到4位。

整数部分(6699)　　　　　　　小数部分(0.7)

$6699 \div 16 = 418 \cdots 11(B)$　　　$0.7 \times 16 = \underline{11}.2(B)$

$418 \div 16 = 26 \cdots 2$　　　　　$0.2 \times 16 = \underline{3}.2$

$26 \div 16 = 1 \cdots 10(A)$　　　　$0.2 \times 16 = \underline{3}.2$

$1 \div 16 = 0 \cdots 1$　　　　　　$0.2 \times 16 = \underline{3}.2$

$6699 = (1A2B)_{16}$　　　　　$0.7 \approx (0.B333)_{16}$

结果是：$(6699.7)_{10} \approx (1A2B.B333)_{16}$

一般先将十进制数转换成二进制数，再将二进制数转换成八进制数或十六进制数。

（3）二进制数转换成十六进制、八进制数。二进制数转换成十六进制的方法：采用"四位一并"法，整数部分，从低位到高位每4位分为一组，不足4位的补0，然后将每组二进制数用对应的十六进制数表示出来；小数部分，则从小数点开始向右按照上述方法进行分组，不足4位的补0。

例题9：将二进制数1100011011.11转换为十六进制数。

二进制数　　　0011 0001 1011.1100

十六进制数　　　3　　1　　B . C

结果为：$(1100011011.11)_2 = (31B.C)_{16}$

二进制数转换成八进制数的方法与上述方法类似，采用"三位一并"法，只要分组时每3位一组即可。

例题10：将上述二进制数转换为八进制数。

二进制数　　　001 100 011 011.110

八进制数　　　1　4　3　3 . 6

结果为：$(1100011011.11)_2 = (1433.6)_8$

课堂练习：将二进制数 11100101.01 分别转换成十六进制、八进制数。

（4）十六进制数、八进制数转换成二进制数。十六进制数转换成二进制数的方法：采用"一分为四"法，即将十六进制数的每一位用 4 位二进制数表示。

例题 11：将十六进制数 3B7D2 转换为二进制数。

十六进制数　　　3　　　B　　　7　　　D　　　2

二进制数　　　0011　　1011　　0111　　1101　　0010

结果为：$(3B7D2)_{16}$=$(11101101111110010010)_2$

将八进制数转换成二进制数的方法与上类似，采用"一分为三"的方法即可。

例题 12：将八进制数 3452 转换为二进制数。

八进制数　　　　3　　　4　　　5　　　2

二进制数　　　011　　100　　101　　010

结果为：$(3452)_8$= $(11100101010)_2$

课堂练习：将十六进制数 1AB8 转换成二进制数；将八进制数 1232 转换成二进制数。

2．二进制数、八进制数、十进制数和十六进制数的转换

二进制数、八进制数、十进制数和十六进制数之间的转换，其对应关系如表 1-2-1 所示。

表 1-2-1　　　　　二进制数、八进制数、十进制数和十六进制数的对应关系

十进制数	二进制数	八进制数	十六进制数
0	0000	0	0
1	0001	1	1
2	0010	2	2
3	0011	3	3
4	0100	4	4
5	0101	5	5
6	0110	6	6
7	0111	7	7
8	1000	10	8
9	1001	11	9
10	1010	12	A
11	1011	13	B
12	1100	14	C
13	1101	15	D
14	1110	16	E
15	1111	17	F
16	10000	20	10

3．二进制的算术运算

二进制的算术运算与十进制数的算术运算一样，也包括加、减、乘、除四则运算，但二进制的算术运算更加简单。在计算机内部，二进制加法是基本运算，其他 3 种运算可以通过加法和移位来实现，这样可使计算机的运算器结构更简单、稳定性更好。

（1）加法运算。二进制数的加法运算规则如下。

0+0=0　　　0+1=1　　　1+0=1　　　1+1=10（即按"逢二进一"法，向高位进位 1）

课堂练习：计算$(1011)_2$+$(1110)_2$的结果。

（2）减法运算。减法实质上是加上一个负数，主要用于补码运算。二进制数的减法运算规则如下。

0-0=0　　　1-0=1　　　1-1=0　　　0-1=1（向高位借位1，结果本位为1）

课堂练习：计算 $(111001)_2 - (10010)_2$ 的结果。

二进制数乘、除法的运算规则与十进制数的对应运算规则类似，在此就不一一列举。

（3）逻辑运算。二进制数的逻辑运算包括逻辑"与""或""非"和"异或"等。

① "与"运算。"与"运算又称为逻辑乘，用符号"∧"表示，运算规则如下。

0∧0=0　　　0∧1=0　　　1∧0=0　　　1∧1=1

可以看出，当两个参与运算的数中有一个数为0时，运算结果为0；若两个数都为1，则运算结果为1。

② "或"运算。"或"运算又称为逻辑加，用符号"∨"表示，运算规则如下。

0∨0=0　　　0∨1=1　　　1∨0=1　　　1∨1=1

即当两个参与运算的数中有一个数为1时，运算结果为1；若两个数都为0，则运算结果为0。

③ "非"运算。如果变量为A，则它的"非"运算结果用" ̄"表示，运算规则如下。

$\bar{0}=1$　　　$\bar{1}=0$

④ "异或"运算。"异或"运算用符号"∀"表示，运算规则如下。

0∀0=0　　　0∀1=1　　　1∀0=1　　　1∀1=0

即当两个参与运算的数不同时，运算结果为1，否则为0。

4. 原码、反码、补码的基础概念和计算方法

数值数据在计算机内保存时，除了进制转换，还有两个问题需要解决，那就是数字的正负号和带小数部分数值的小数点位置的处理。

正负号也采用编码的方法，可以将一个二进制数的最高位定义为符号位，用0表示正号，1表示负号，这种表示方法称为原码表示。另外，在计算机中，带符号数还有反码和补码等表示方法。计算机要使用一定的编码方式进行数据存储，原码、反码、补码是机器存储一个具体数字的编码方式。

（1）原码。原码表示法是一种比较直观的表示方法，其符号位表示该数的符号，而数值部分仍保留着其真值的特征。原码表示方法是符号位加上真值的绝对值，即用第一位表示符号，其余位表示值。

以8位二进制为例。

[+1]原码=[0000 0001]原码

[-1]原码=[1000 0001]原码

因为第一位是符号位，所以8位二进制数的取值范围就是 [1111 1111，0111 1111]，即 [-127，127]，原码是人脑最容易理解和计算的表示方式。

原码可表示的整数范围如下。

8位原码：$-(2^7-1) \sim 2^7-1$（$-127 \sim 127$）范围内的所有整数。

16位原码：$-(2^{15}-1) \sim 2^{15}-1$（$-32\,767 \sim 32\,767$）范围内的所有数。

n位原码：$-(2^{n-1}-1) \sim 2^{n-1}-1$ 范围内的所有整数。

（2）反码。反码的表示方法是：正数的反码是其本身；负数的反码是在其原码的基础上，符号位不变，其余各位取反。

[+1]原码=[00000001]原码=[00000001]反码

[-1]原码=[10000001]原码=[11111110]反码

（3）补码。补码的表示方法是：正数的补码是其本身；负数的补码是在其原码的基础上，符号位不变，其余各位取反，最后+1（即反码+1）。

[+1]原码=[00000001]原码=[00000001]反码=[00000001]补码

[−1]原码=[10000001]原码=[11111110]反码=[11111111]补码

（4）补码运算规则。

[X+Y]原码=[[X]补码+[Y]补码]补码

[X−Y]原码=[[X]补码+[−Y]补码]补码

例题 13：

[32−43]原码=[[32]补码+[−43]补码]补码=[[00100000]补码+[11010101]补码]补码

=[11110101]补码=[11110100]反码=[10001011]原码=$(-11)_{10}$

四、计算机中的数据编码

1．数的编码

数以某种表示方式存储在计算机中，称为机器数。机器数以二进制的形式存储在具有记忆功能的电子器件触发器中，每个触发器存储一位二进制数字，所以 n 位二进制数会占用 n 个触发器，这些触发器组合在一起，称为寄存器。

2．字符编码

（1）ASCII 码。目前，计算机中普遍采用的字符编码是美国标准信息交换码（American Standard Code for Information Interchange，ASCII 码）。这种编码采用 7 位二进制数字表示一个字符，其编码范围是$(0000000)_2 \sim (1111111)_2$，即 0～127，共 2^7 个编码，可表示 128 个字符。在计算机中存储一个字符的 ASCII 码时，实际上是使用一个字节的宽度（8 位二进制数），即 7 位 ASCII 码的最高位为 0。ASCII 码编码方案如表 1-2-2 所示。

表 1-2-2 中的每个字符对应一个二进制编码，每个编码的数值称为 ASCII 码的值。例如，字母 A 的编码为 1000001B，即 65D 或 41H。由于 ASCII 码只有 7 位，在用一个字节保存一个字符的 ASCII 码时，占该字节的低 7 位，最高位补 0。

可以看出，数字 0～9 的 ASCII 码的值的范围是 48～57，大写字母的 ASCII 码的值的范围是 65～90，小写字母的 ASCII 码的值的范围是 97～122，其顺序与字母表中的顺序是一样的，并且同一个字母的大小写 ASCII 码值的相差 32。

（2）Unicode 编码。扩展的 ASCII 码提供了 256 个字符，但用它来表示世界各国的文字编码显然是远远不够的，为表示更多的字符和意义，因此 Unicode 编码出现了。

Unicode 编码是基于通用字符集（Universal Character Set）的标准发展的，Unicode 是国际组织制定的可以容纳世界上所有文字和符号的字符编码方案。它为每种语言的每个字符设定了统一并且唯一的二进制编码，以满足跨语言、跨平台进行文本转换、处理的要求。Unicode 编码自 1994年公布以来已得到普及，被广泛应用于 Windows 操作系统、Office 等软件中。

3．汉字编码

我国用户在使用计算机进行信息处理时，一般都要用到汉字，因此，计算机必须解决汉字的输入、输出以及汉字处理等一系列问题。当然，关键问题是要解决汉字编码的问题。由于汉字是象形文字，数目很多，常用汉字就有 3 000～5 000 个，加上汉字的形状和笔画多少差异极大。因此，不可能用少数几个确定的符号将汉字完全表示出来，或像英文那样将汉字拼写出来。每个汉字都必须有自己独特的编码。

表 1-2-2　　　　　　　　　　　　标准 ASCII 码字符集

ASCII 编码	编码 的值	控制 符号	ASCII 编码	编码 的值	控制 符号	ASCII 编码	编码 的值	控制 符号	ASCII 编码	编码 的值	控制 符号
0000000	0	NUL	0100000	32	空格	1000000	64	@	1100000	96	`
0000001	1	SOH	0100001	33	!	1000001	65	A	1100001	97	a
0000010	2	STX	0100010	34	"	1000010	66	B	1100010	98	b
0000011	3	ETX	0100011	35	#	1000011	67	C	1100011	99	c
0000100	4	EOT	0100100	36	$	1000100	68	D	1100100	100	d
0000101	5	ENQ	0100101	37	%	1000101	69	E	1100101	101	e
0000110	6	ACK	0100110	38	&	1000110	70	F	1100110	102	f
0000111	7	DEL	0100111	39	'	1000111	71	G	1100111	103	g
0001000	8	BS	0101000	40	(	1001000	72	H	1101000	104	h
0001001	9	HT	0101001	41	)	1001001	73	I	1101001	105	i
0001010	10	LF	0101010	42	*	1001010	74	J	1101010	106	j
0001011	11	VT	0101011	43	+	1001011	75	K	1101011	107	k
0001100	12	FF	0101100	44	,	1001100	76	L	1101100	108	l
0001101	13	CR	0101101	45	-	1001101	77	M	1101101	109	m
0001110	14	SO	0101110	46	.	1001110	78	N	1101110	110	n
0001111	15	SI	0101111	47	/	1001111	79	O	1101111	111	o
0010000	16	DLE	0110000	48	0	1010000	80	P	1110000	112	p
0010001	17	DC1	0110001	49	1	1010001	81	Q	1110001	113	q
0010010	18	DC2	0110010	50	2	1010010	82	R	1110010	114	r
0010011	19	DC3	0110011	51	3	1010011	83	S	1110011	115	s
0010100	20	DC4	0110100	52	4	1010100	84	T	1110100	116	t
0010101	21	NAK	0110101	53	5	1010101	85	U	1110101	117	u
0010110	22	SYN	0110110	54	6	1010110	86	V	1110110	118	v
0010111	23	ETB	0110111	55	7	1010111	87	W	1110111	119	w
0011000	24	CAN	0111000	56	8	1011000	88	X	1111000	120	x
0011001	25	EM	0111001	57	9	1011001	80	Y	1111001	121	y
0011010	26	SUB	0111010	58	:	1011010	90	Z	1111010	122	z
0011011	27	ESC	0111011	59	;	1011011	91	[	1111011	123	{
0011100	28	FS	0111100	60	<	1011100	92	\	1111100	124	|
0011101	29	GS	0111101	61	=	1011101	93	]	1111101	125	}
0011110	30	RS	0111110	62	>	1011110	94	^	1111110	126	~
0011111	31	US	0111111	63	?	1011111	95	_	1111111	127	DEL

　　计算机中的汉字同样采用二进制编码。根据应用目的的不同，汉字编码分为汉字输入码、汉字区位码、汉字国标码（交换码）、汉字机内码、汉字字形码。

　　（1）汉字输入码。汉字输入码也叫汉字外部码（简称外码），是用来将汉字输入到计算机中的一组键盘符号。汉字输入方法很多，包括区位、拼音、五笔字型等数百种。一种好的汉字输入方法应具有易学习、易记忆、效率高（击键次数少）、重码少和容量大等特点。不同输入法的编码方案不同，不同输入法所采用的汉字编码统称为输入码。汉字输入码进入机器后，必须转换为机内码。

（2）汉字区位码。汉字的区位码由汉字的区号和位号组成，也是一种输入码，标准的汉字编码表有 94 行、94 列，其行号称为区号，列号称为位号。显然，区号的范围是 1～94，位号的范围也是 1～94。双字节中，用高字节表示区号，低字节表示位号。非汉字图形符号置于第 1～11 区；一级汉字 3 755 个，置于第 16～55 区；二级汉字 3 008 个，置于第 56～87 区。汉字区位码最大的优点是一字一码的无重码输入法，最大的缺点是难以记忆。

（3）汉字国标码。我国于 1981 年颁布了汉字编码方案《信息交换用汉字编码字符集　基本集》（GB2312—1980），代号为国标码。国标码是国家规定的汉字信息交换使用的代码的依据。

汉字国标码按照汉字使用频度将汉字分为高频字（约 100 个）、常用字（约 3 000 个）、次常用字（约 4 000 个）、罕见字（约 8 000 个）和死字（约 4 500 个），并将高频字、常用字和次常用字归结为汉字字符集（6 763 个）。该字符集又分为两级，第一级汉字为 3 755 个，属常用字，按汉语拼音顺序排列；第二级汉字为 3 008 个，属非常用字，按部首顺序排列。

汉字的国标码＝汉字区位码＋2020H

（4）汉字机内码。汉字机内码又称汉字内部码或汉字内码，是计算机处理汉字时所用的代码。当在计算机中输入外部码时，一般都要将其转换成内部码，才能进行处理和存储。内部码通常用其在汉字字库中的物理位置表示。它可以是汉字在字库中的序号或者是汉字在字库中的物理区（段）号及位号，一般用两字节表示一个汉字的内部码。汉字的机内码采用变形国家标准码，以解决与 ASCII 码冲突的问题。将国标码的两个字节中的最高位改为 1，即为汉字输入机内码。

汉字的机内码＝汉字的国标码＋8080H

例如：

	财	经	院
区位码：	1838D	3013D	5226D
	1226H	1E0DH	341AH
国标码：	3246H	3E2DH	543AH
机内码：	B2C6H	BEADH	D4BAH

例如，汉字"大"的区位码是 2083D，计算其国标码。汉字"大"的区号 20 转换成十六进制数字为 14，位号 83 转换成十六进制数字为 53，两个字节分别加上 20H，即汉字"大"的国标码＝1453H＋2020H＝3473H；机内码＝3473H＋8080H＝B4F3H。

课堂练习：已知汉字"中"的区位码是 5448D，计算其国标码和机内码。

（5）汉字字形码。字形码是汉字的输出码，输出汉字时采用图形方式，无论汉字的笔画多少，每个汉字都可以写在同样大小的方块中，如图 1-2-1 所示。

汉字字形码以点阵形式出现，图 1-2-1 是 16×16 点阵图，被汉字覆盖部分用 1 表示，没有被覆盖的部分则用 0 表示，图中的位代码就是表示一个汉字的汉字字形码。

汉字输入码、机内码、字形码、国际码之间的关系如图 1-2-2 所示。

图 1-2-1　汉字字形码的点阵图

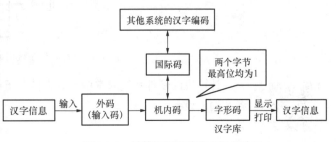

图 1-2-2　计算机汉字编码之间的关系

五、课后总结和练习

1. 重点分析

掌握数值与编码，掌握二进制数、十进制数、十六进制数之间的相互转换。

2. 练习

（1）什么是数制？

（2）编码的定义是什么？

（3）试解释二进制。

（4）阐述二进制数转换为十进制数的方法。

（5）阐述十进制数转换为二进制数的方法。

（6）已知字符 A 的 ASCII 码是 01000001B，那么 ASCII 码为 01000111B 的字符是什么？

（7）计算机中采用的标准 ASCII 编码用多少位二进制数表示一个字符？

（8）存储一个汉字的机内码需两个字节，其前后两个字节的最高位二进制值依次分别是多少？

（9）1 KB 的存储空间能存储多少个汉字国标码（GB2312—80）？

（10）存储一个 48×48 点的汉字字形码需要多少字节？

任务三 计算机硬件系统

一个完整的计算机系统由硬件系统和软件系统两大部分组成，如图 1-3-1 所示。这两大部分相辅相成，缺一不可。没有硬件，软件就无法存储和运行，也就失去了存在的意义；没有软件，硬件就是没有灵魂的"裸机"，不会做任何工作。硬件是计算机的"躯体"，软件是计算机的"灵魂"。

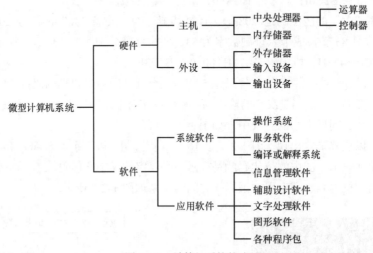

图 1-3-1 计算机系统构成

计算机的硬件系统通常由"五大件"组成：运算器、控制器、存储器、输入设备和输出设备。

多媒体计算机
的硬件

一、运算器

运算器是完成各种算术运算和逻辑运算的装置，它主要由算术逻辑单元（Arithmetic-Logic Unit，ALU）和一组寄存器组成。ALU 是运算器的核心，在控制信号的作用下，它可以进行加、减、乘、除等算术运算和各种逻辑运算。寄存器用来存储 ALU 运算中所需的操作数和机器运算结果。

二、控制器

控制器是计算机指挥和控制其他各部分工作的中心，其工作过程和人的大脑指挥和控制人的各器官一样，控制器可以控制计算机的各部件有条不紊地协调工作。

控制器是计算机的指挥中心，其决定程序执行的顺序，给出执行指令时机器各部件需要的操作控制命令。它由程序计数器、指令寄存器、指令译码器、时序产生器和操作控制器组成，是发布命令的"决策机构"，协调和指挥整个计算机系统的操作。

控制器的主要功能有以下几种。从内存中取出一条指令，并指出下一条指令在内存中的位置，对指令进行译码或测试，并产生相应的操作控制信号，以便启动规定的动作；指挥并控制 CPU、内存和输入、输出设备之间数据流动的方向。

控制器根据事先给定的命令发出控制信息，使整个计算机指令执行过程一步一步地进行，是计算机的神经中枢。

控制器和运算器合在一起称为中央处理单元（Central Processing Unit，CPU），它是计算机的核心部件。

三、存储器

存储器将输入设备接收到的信息以二进制的数据形式保存到存储器中。存储器有两种，分别称为内存储器和外存储器。

1．内存储器

微型计算机的内存储器是由半导体器件构成的，它可以与 CPU 直接进行数据交换，简称为内存或主存。从使用功能上，内存分为两种：随机存储器（Random Access Memory，RAM），又称读写存储器；只读存储器（Read Only Memory，ROM）。

（1）随机存储器。RAM 有以下特点：可以读出，也可以写入；读出时并不损坏原来存储的内容，只有写入时才修改原来存储的内容。断电后，RAM 中存储的内容立即消失，即具有易失性。

RAM 可分为动态（Dynamic RAM，DRAM）和静态（Static RAM，SRAM）两大类。DRAM 用电容来存储信息，由于电容存在漏电现象，所以必须定期刷新存储信息，这是动态的含义；SRAM 用触发器的状态来存储信息，只要电源正常供电，触发器就能稳定地存储信息。二者相比，DRAM 具有集成度高、功耗低、价格便宜等特点，所以目前微型计算机的内存一般采用 DRAM。微型计算机的常用内存以内存条的形式插在主板上，如图 1-3-2 所示。

（2）只读存储器。ROM 是只读存储器。顾名思义，它的特点是只能读出原有的内容，不能由用户再写入新内容。ROM 存储的内容是采用掩膜技术由厂家一次性写入的，并永久保存下来。它一般用于存放专用的固定程序和数据，如监控程序，基本输入、输出系统模块 BIOS 等，不会因断电而丢失。除了 ROM 外，还有可编程只读存储器 PROM、可擦除可编程的只读存储器 EPROM、可用电擦除的可编程只读存储器 EEPROM 等。

图 1-3-2　内存条

2. 外存储器

外存储器因不能与 CPU 进行直接的数据交换，只能与内存交换信息而得名，也可简称外存或辅存。外存通常是磁性介质或光盘，像硬盘、软盘、磁带、CD 等，能长期保存信息，并且不依赖于电来保存信息，但其由机械部件带动，速度与 CPU 相比就慢得多。

（1）硬盘。将读写磁头、电动机驱动部件和若干涂有磁性材料的铝合金圆盘密封在一起构成硬盘。硬盘是计算机最重要的外存储器，具有比软盘大得多的容量和快得多的存取速度，而且其可靠性高、使用寿命长。计算机操作系统、大量的应用软件和数据都存放在硬盘上。硬盘容量有 320 GB、500 GB、750 GB、1 TB、2 TB 和 3 TB 等。目前，市场上能买到的大容量硬盘为 4 TB。硬盘外观和内部驱动装置如图 1-3-3 和图 1-3-4 所示。

图 1-3-3　硬盘的外观

图 1-3-4　硬盘的内部

（2）光盘。光盘存储器是利用光学方式进行信息存储的设备，由光盘和光盘驱动器组成。

光盘利用表面有无凹痕来表示信息，有凹痕表示"0"，无凹痕表示"1"。写入数据时，用高能激光照射盘片，灼烧形成凹痕；读取数据时，用低能激光照射盘片，在无凹痕处光线准确反射至光敏二极管，而在有凹痕处光线因散射而被吸收，二极管接收到反射光时记"1"，否则记"0"。光盘通常分为只读型光盘 CD-ROM、一次写入型光盘 CD-R 和可重写型光盘 CD-RW 等。光盘及其驱动器如图 1-3-5 和图 1-3-6 所示。

图 1-3-5　光盘片

图 1-3-6　光盘驱动器

（3）移动存储器。移动存储器无需驱动器和额外电源，只需从其采用的标准 USB 接口总线取电，可热插拔、读/写速度快、存储容量大，另外其还具有价格便宜、体积小、外形美观、易于携带等特点。目前人们最常用的是移动闪存（U 盘）和移动硬盘。

移动闪存又称 U 盘，它具有 RAM 存取数据速度快和 ROM 保存数据不易丢失的双重优点，已经取代人们使用多年的软盘而成为微型计算机的一种常用移动存储设备，如图 1-3-7 所示。

移动硬盘是通过相关部件将 IDE 转换成 USB 接口（或 Firewire 接口）连接到微型计算机上，从而完成读/写数据的操作，如图 1-3-8 所示。

图 1-3-7　U 盘

图 1-3-8　移动硬盘

3．高速缓冲存储器

除内存储器和外存储器外，计算机中还存在高速缓冲存储器

高速缓冲存储器（Cache）是位于 CPU 与内存之间的规模较小但速度很快的存储器，由于它在高速的 CPU 和低速的内存之间起到缓冲作用，可以解决 CPU 和内存之间速度不匹配的问题，故称之为缓存，也称为高速缓冲存储器，一般用 SRAM 存储芯片实现。计算机系统按照一定的方式，将 CPU 频繁访问的内存数据存入 Cache，当 CPU 要读取这些数据时，可以直接从 Cache 中读取，加快了 CPU 访问这些数据的速度，进而提高了系统整体运行速度。

在两级缓存系统中，Cache 分为一级缓存（L1 Cache）和二级缓存（L2 Cache）。一级缓存集成在 CPU 内部，又称为片内缓存；二级缓存一般焊接在主板上，又称为片外缓存。CPU 访问缓存的过程是：首先访问片内缓存，若未找到需要的数据则访问片外缓存，若仍未找到则需访问内存。

4．层次结构

随着 CPU 速度的不断提高和软件规模的不断扩大，人们希望存储器能同时满足速度快、容量大、价格低的要求，但实际上这一点很难办到。解决这一问题的较好方法是，设计一个快慢搭配、具有层次结构的存储系统。图 1-3-9 显示了新型微型计算机系统中的存储器组织。它呈现出金字塔形结构，越往上器件的存储速度越快，CPU 的访问频度越高；同时，单位存储容量的价格也越高，系统的拥有量越小。从图 1-3-9 中可以看到，CPU 中的寄存器位于该塔的顶端，它有最快的存取速度，但容量极为有限；向下依次是 CPU 内的 Cache（高速缓冲存储器）、主板上的 Cache（由 SRAM 组成）、主存储器（由 DRAM 组成）、辅助存储器（半导体盘、磁盘）和大容量辅助存储器（光盘、磁带）；位于塔底

图 1-3-9 微型计算机存储系统的层次结构

的存储设备，其容量最大，单位存储容量的价格最低，但速度可能也是较慢或最慢的。

四、输入设备

输入设备用于将数据、程序、文字符号、图像、声音等信息输送到计算机中。常用的输入设备有键盘、鼠标、触摸屏、数字转换器等。

（1）键盘（Keyboard）。键盘是最常用也是最主要的输入设备，通过键盘，可以将英文字母、数字、标点符号等输入到计算机中，从而向计算机发出命令、输入数据等。

（2）鼠标（Mouse）。鼠标因形似老鼠而得名，其标准称呼应该是"鼠标器"。它用来控制显示器显示的指针（Pointer）或光标。从出现到现在，鼠标已经有 50 年的历史了。其使计算机的操作更加简便，可以代替部分键盘指令。

（3）触摸屏（Touch Screen）。触摸屏是一种覆盖了一层塑料的特殊显示屏，在塑料层后是互相交叉不可见的红外线光束。用户通过手指触摸显示屏来选择菜单项。触摸屏的特点是容易使用，如自动柜员机（Automated Teller Machine，ATM）、信息中心、饭店、百货商场等场合均可看到触摸屏的应用。

（4）数字转换器（Digitizer）。数字转换器是一种用来描绘或复制图画或照片的设备。把需要复制的内容放置在数字化图形输入板上，然后通过一个连接计算机的特殊输入笔描绘这些内容。随着输入笔在复制内容上的移动，计算机记录它在数字化图形输入板上的位置，当描绘完整个需要复制的内容后，图像即可在显示器上显示、在打印机上打印或存储在计算机系统上以便日后使用。数字转换器常常用于工程图纸的设计。

除此之外，输入设备还有游戏杆、光笔、数码相机、数字摄像机、图像扫描仪、传真机、条形码阅读器、语音输入设备等。

五、输出设备

输出设备将计算机的运算结果或者中间结果打印或显示出来。常用的输出设备有显示器、打印机、绘图仪和传真机等。

（1）显示器（Display）。显示器也叫监视器，是微型计算机中最重要的输出设备之一，也是人机交互必不可少的设备。常用的显示器有阴极射线管显示器、液晶显示器和等离子显示器。像素和点距是显示器的主要性能之一。屏幕上图像的分辨率或者清晰度取决于能在屏幕上独立显示的点的直径，这种独立显示的点称为像素（Pixel），屏幕上两个像素之间的距离称为点距（Pitch）。目前，微型计算机上使用的显示器的点距有 0.31 mm、0.28 mm 和 0.25 mm 等规格。一般来说，

点距越小，分辨率就越高，显示器的性能也就越好。

（2）打印机（Printer）。打印机是计算机最基本的输出设备之一，它将计算机的处理结果打印在纸上。打印机按印字方式可分为击打式和非击打式两类。击打式打印机是利用机械动作，将字体通过色带打印在纸上，根据印出字体的方式又可分为活字式打印机和点阵式打印机。非击打式打印机主要有喷墨打印机、激光打印机，还包括热敏式、静电式、热转写式打印机等。

（3）绘图仪（Plotter）。绘图仪能按照人们的要求自动绘制图形。它可将计算机的输出信息以图形的形式输出，主要可用来绘制各种管理图表和统计图、大地测量图、建筑设计图、电路布线图、机械图与计算机辅助设计图等。

六、课后总结和练习

1. 重点分析

掌握计算机硬件系统的组成，重点掌握运算器、控制器和存储器，掌握常见的计算机的输入设备和输出设备，了解各组成部分的作用。

2. 练习

（1）计算机系统包括哪几部分？

（2）计算机硬件系统由哪几部分组成？

（3）什么是输入设备，包括哪些？

（4）什么是输出设备，包括哪些部分？

（5）什么是存储器？

（6）什么是运算器？

（7）什么是控制器？

（8）在微机系统中，对输入、输出设备进行管理的基本系统是存放在什么中的？

（9）1 GB 等于多少字节？

（10）1 字节能表示的最大无符号整数是多少？

任务四 计算机软件系统

一、计算机软件系统

所谓软件是指为提高计算机使用效率而组织的程序，以及用于开发、使用和维护的有关文档。软件系统可分为系统软件和应用软件两大类。

1. 系统软件

系统软件（System Software）由一组控制计算机系统并管理其资源的程序组成，其主要功能包括启动计算机，存储、加载和执行应用程序，对文件进行排序、检索，将程序语言翻译成机器语言等。实际上，系统软件可以看成是用户与计算机的接口，它为应用软件和用户提供了控制、访问硬件的手段。此外，编译系统和各种工具软件也属于系统软件，它们从另一方面辅助用户使用计算机。下面分别介绍系统软件的功能。

（1）操作系统（Operating System，OS）。操作系统是管理、控制和监督计算机软、硬件资源协调运行的程序系统，它由一系列具有不同控制和管理功能的程序组成，是直接运行在计算机硬件上的、最基本的系统软件，是系统软件的核心。操作系统是计算机发展中的产物，它的主要目的有两个：一是方便用户使用计算机，是用户和计算机的接口，如用户键入一条简单的命令计算机就能自动完成复杂的功能，这就是操作系统帮助的结果；二是统一管理计算机系统的全部资源，合理组织计算机工作流程，以便充分、合理地发挥计算机的能力。

（2）语言处理系统（翻译程序）。人和计算机交流信息时使用的语言称为计算机语言或程序设计语言。计算机语言通常分为机器语言、汇编语言和高级语言3类。如果要在计算机上运行高级语言程序就必须配备程序语言翻译程序（以下简称翻译程序）。翻译程序本身是一组程序，不同的高级语言都有相应的翻译程序。翻译的方法有以下两种。

一种称为"解释"。早期的BASIC源程序的执行都采用这种方式。它调用机器配备的BASIC"解释程序"，在运行BASIC源程序时，逐条对BASIC的源程序语句进行解释和执行，它不保留目标程序代码，即不产生可执行文件。这种方式速度较慢，每次运行都要经过"解释"，边解释边执行。

另一种称为"编译"，它调用相应语言的编译程序，把源程序转换成目标程序（以obj为扩展名），然后再用连接程序把目标程序与库文件相连接形成可执行文件。尽管编译的过程复杂一些，但它形成的可执行文件（以exe为扩展名）可以反复执行，速度较快。用户运行程序时只要键入可执行程序的文件名，再按"Enter"键即可。

对源程序进行解释和编译任务的程序分别称为解释程序和编译程序。例如，FORTRAN、COBOL、PASCAL、C、C#和Java等高级语言，使用时需要相应的编译程序；BASIC、LISP等高级语言，使用时需使用相应的解释程序。

（3）服务程序。服务程序能够提供一些常用的服务性功能，它们为用户开发程序和使用计算机提供了方便，像微型计算机上经常使用的诊断程序、调试程序、编辑程序均属此类。

（4）数据库管理系统。数据库是指按照一定方式存储在一起的数据集合，可为多种应用所共享。数据库管理系统（Data Base Management System，DBMS）则是能够对数据库进行加工、管理的系统软件。其主要功能是建立、消除、维护数据库及对库中数据进行各种操作。数据库系统主要由数据库（DB）、数据库管理系统（DBMS）以及相应的应用程序组成。数据库系统不但能够存放大量的数据，更重要的是能迅速、自动地对数据进行检索、修改、统计、排序、合并等操作，以得到所需的信息。

数据库技术是计算机技术中发展最快、应用最广的一个分支。可以说，计算机应用开发大都离不开数据库。因此，了解数据库技术尤其是微型计算机环境下的数据库应用是非常必要的。

2. 应用软件

应用软件（Application Software）是为解决各类实际问题而设计的程序系统。它可以是一个特定的程序，如一个图像浏览器；也可以是一组功能联系紧密、可以互相协作的程序的集合，如微软的Office软件；还可以是一个由众多独立程序组成的庞大的软件系统，如数据库管理系统。表1-4-1列举了一些应用领域的主流软件。

表1-4-1　　　　　　　　　　常用的应用软件

种　　类	举　　例
办公应用	Microsoft Office、WPS、OpenOffice
平面设计	Photoshop、Illustrator、CorelDRAW

续表

种　类	举　例
视频编辑与后期制作	Adobe Premiere、After Effects、Ulead
网站开发	Dreamweaver、FrontPage
辅助设计	AutoCAD、Rhino、Pro/E
三维制作	3ds Max、Maya
多媒体开发	Flash、Director、Authorware
程序设计	Visual Studio、Eclipse、Visual C++
通信工具	QQ、飞信、微信、MSN

从其服务对象的角度，应用软件又可分为通用软件和专用软件两类。

二、课后总结和练习

认识应用软件

1．重点分析

掌握计算机软件系统的组成，重点掌握系统软件的组成。

2．练习

（1）什么是系统软件？

（2）系统软件包括哪些？

任务五　指令和程序设计语言

一、计算机指令

指令就是指挥计算机工作的指示和命令，程序就是一系列按一定顺序排列的指令，执行程序的过程就是计算机的工作过程。计算机指令指挥机器工作，人们用指令表达自己的意图，并交给控制器执行。一台计算机所能执行的各种不同指令的全体，称为计算机的指令系统。每台计算机均有自己特定的指令系统，不同计算机制造商的指令内容和格式有所不同。

通常，一条指令包括操作码和操作数两方面的内容。操作码决定要完成的操作，操作数是指参加运算的数据及其所在的单元地址。

在计算机中，操作要求和操作数地址都由二进制数码表示，分别称为操作码和地址码，整条指令以二进制码的形式存放在存储器中。

由于指令是按一定顺序将程序执行完成的，因而有必要了解指令的执行过程。首先是取指令和分析指令。按照程序规定的次序，从内存储器中取出当前执行的指令，并将其送到控制器的指令寄存器中，对所取的指令进行分析，即根据指令中的操作码确定计算机应进行什么操作。其次是执行指令。根据指令分析结果，由控制器发出完成操作所需的一系列控制电位，以便指挥计算机有关部件完成这一操作，同时，还为取下一条指令做好准备。

执行一条指令的过程如下。

① 取出指令：从存储器某个地址中取出要执行的指令，并将其送到CPU内部的指令寄存器

中暂存。

② 分析指令：把保存在指令寄存器中的指令送到指令译码器中，译出该指令对应的微操作。

③ 执行指令：根据指令译码，向各个部件发出相应的控制信号，完成指令规定的各种操作。

④ 最后，计算机为执行下一条指令做好准备，即取出下一条指令地址。

例如：10110000

00000101　　　　　对应的汇编语言指令是 MOV　A，5

这是一条 2 字节指令，第 1 个字节（即 10110000）表示操作码，第 2 个字节（即 00000101）表示操作数。其含义是把数 5 送入累加器 A。

二、计算机的工作过程

计算机硬件系统控制器、运算器、存储器、输入设备和输出设备 5 大功能部件之间的关系如图 1-5-1 所示。总的指导思想是：存储程序和程序控制。

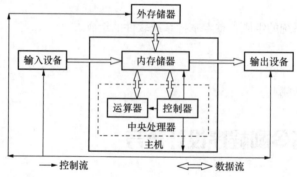

图 1-5-1　硬件系统组成原理图

输入设备在控制器控制下输入源程序和原始数据，控制器从存储器中依次读出程序的一条条指令，经过译码分析，发出一系列操作信号以指挥运算器、存储器等完成规定的操作功能，最后由控制器命令输出设备以适当的方式输出最后结果。这一切工作都是由控制器控制的，而控制器赖以控制的主要依据则是存放于存储器中的程序。

三、程序设计语言

程序设计语言（Programming Language）是用于书写计算机程序的语言。语言的基础是一组记号和一组规则。根据规则，由记号构成的记号串的总体就是语言。在程序设计语言中，这些记号串就是程序。程序设计语言有 3 个方面的因素，即语法、语义和语用。语用表示程序与使用者的关系。

语言的种类千差万别。但是，一般来说，基本成分包括 4 种。

① 数据成分：用于描述程序中所涉及的数据。

② 运算成分：用于描述程序中所包含的运算。

③ 控制成分：用于表达程序中的控制构造。

④ 传输成分：用于表达程序中数据的传输。

四、课后总结和练习

1．重点分析

掌握计算机指令、计算机指令系统、程序设计语言。

2．练习

（1）什么是指令？

（2）计算机指令系统是什么？

（3）什么是程序设计语言？

（4）程序设计语言的因素有哪些？

（5）程序设计语言的基本成分是什么？

习题

一、选择题

1．下列不能安装在 NTFS 格式分区上的系统是（　　　　）。

  A．Windows 98　　 B．Windows NT　 C．Windows 2000　　 D．Windows XP

2．计算机中运算器所在的位置是（　　　　）。

  A．内存　　 B．CPU　　 C．硬盘　　 D．光盘

3．下列选项中用来拨号上网的是（　　　　）。

  A．调制解调器　 B．网卡　　 C．集线器　　 D．交换机

4．计算机系统由（　　　）所组成。

  A．输入系统和输出系统　　 B．主机和外部设备

  C．硬件系统和软件系统　　 D．系统软件和应用软件

5．在维修计算机时，一般可以通过（　　　　）来引导系统进入纯 DOS 状态。

  A．Windows 98 启动软盘　　 B．主板诊断卡

  C．万用表　　 D．杀毒软件

6．裸机是指（　　　　）。

  A．不装备任何软件的计算机

  B．只装有操作系统的计算机

  C．既装有操作系统，又装有应用软件的计算机

  D．只装有应用软件的计算机

7．有关微型计算机中，对 CPU 的说法不正确的是（　　　　）。

  A．CPU 是硬件的核心　　 B．CPU 又叫中央处理器

  C．计算机的性能主要取决于 CPU　　 D．CPU 由控制器和寄存器组成

8．十六进制数"BD"转换为等值的八进制数是（　　　　）。

  A．274　　 B．275　　 C．254　　 D．264

9．下面的数值中，（　　　）肯定是十六进制数。

  A．1011　　 B．12A　　 C．74　　 D．125

10. 在 16×16 点阵字库中，存储一个汉字的字模信息需用的字节数是（   ）。

    A. 8   B. 16   C. 32   D. 64

11. "中国" 这两个汉字的内码所占用的字节数是（   ）。

    A. 2   B. 4   C. 8   D. 16

12. 下列字符中，ASCII 码值最大的是（   ）。

    A. Y   B. y   C. A   D. a

13. 在微机硬件中，既可作为输出设备，又可作为输入设备的是（   ）。

    A. 绘图仪   B. 扫描仪   C. 手写笔   D. 磁盘驱动器

14. 操作系统的作用是（   ）。

    A. 把源程序翻译成目标程序   B. 实现软件、硬件的转换

    C. 管理计算机的硬件设备   D. 控制和管理系统资源的使用

15. 一个带有通配符的文件名 F*.? 可以代表的文件是（   ）。

    A. F.COM   B. FABC.TXT   C. FA.C   D. FF.EXE

16. 一个文件路径名为 "C:\groupa\text1\293.txt"，其中 text1 是一个（   ）。

    A. 文件夹   B. 根文件夹   C. 文件   D. 文本文件

17. 下列选项中，不是文件属性的是（   ）。

    A. 系统   B. 隐藏   C. 存档   D. 只读

18. Windows 中的 "回收站" 是（   ）的一个区域。

    A. 内存中   B. 硬盘上   C. 软盘上   D. 高速缓存中

19. 以下关于 Windows 快捷方式的说法，正确的是（   ）。

    A. 一个快捷方式可指向多个目标对象

    B. 一个对象可有多个快捷方式

    C. 只有文件和文件夹对象可建立快捷方式

    D. 不允许为快捷方式建立快捷方式

20. Windows XP 不支持的文件系统是（   ）。

    A. NTFS   B. FAT   C. EXT3   D. FAT32

21. 在 Windows 中，要改变屏幕保护程序的设置，应首先双击控制面板窗口中的（   ）。

    A. "多媒体" 图标   B. "显示" 图标

    C. "键盘" 图标   D. "系统" 图标

22. 在 Windows 中，按组合键（   ）可以实现中文输入和英文输入之间的切换。

    A. "Ctrl+空格"   B. "Shift+空格"   C. "Ctrl+Shift"   D. "Alt+Tab"

23. 粘贴的组合键是（   ）。

    A. "Ctrl+C"   B. "Ctrl+V"   C. "Ctrl+T"   D. "Ctrl+S"

24. 在计算机软件系统中，图像处理软件属于（   ）。

    A. 系统软件   B. 用户软件   C. 应用软件   D. 工具软件

25. 下列数中，最小的是（   ）。

    A. 11011001B   B. 75D   C. 370   D. 2AH

26. 计算机的基本硬件组成是（   ）。

    A. 运算器、显示器、硬盘、控制器

    B. 运算器、显示器、硬盘、打印机

C. 运算器、控制器、存储器、输入设备、输出设备

D. 运算器、显示器、存储器、打印机

27. 计算机存储器容量的基本单位是（　　　）。

A. 字节　　　　　　B. 波特　　　　　　C. 赫兹　　　　　　D. 指令

二、简答题

1. 微型计算机系统由哪几部分组成？其中硬件包括哪几部分？软件包括哪几部分？各部分的功能如何？

2. 微型计算机的存储体系是怎样的？内存和外存各有什么特点？

3. 计算机的更新换代由什么决定？主要技术指标是什么？

4. 表示计算机存储器容量的单位是什么？如何由地址总线的根数来计算存储器的容量？KB、Mbit/s、GB 代表什么意思？

5. 已知 X 的补码为 11110110，求其真值。

6. 将十进制数 2746.12851 转换为二进制数、八进制数和十六进制数。

7. 分别用原码、补码、反码表示有符号数+102 和−103。

计算机网络技术与 Internet

任务一　掌握计算机网络基础知识

一、计算机网络的基本概念与发展

1. 计算机网络的定义

计算机网络是指将地理位置分散的、具有独立功能的多台计算机，利用通信设备和传输介质互相连接，并配以相应的网络协议和网络软件，实现数据通信和资源共享的计算机系统。

2. 计算机网络的发展

计算机网络的发展大致可以分为 4 个阶段。

第 1 阶段（远程终端联机阶段）：20 世纪 50 年代中期至 60 年代，以通信技术和计算机技术为基础，建立了以单台计算机为中心的远程联机系统，较典型的有 1963 年美国空军建立的半自动地面防空系统（SAGE），其结构如图 2-1-1 所示。

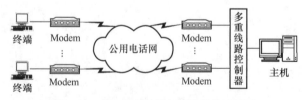

图 2-1-1　第 1 阶段计算机网络结构示意图

第 2 阶段（计算机网络阶段）：20 世纪 60 年代末期至 70 年代，发展了以多机网络为基础的计算机网络，如美国国防部高级计划研究署（Advanced Research Project Agency，ARPA）开发的 ARPAnet，它也是如今 Internet 的雏形，其结构如图 2-1-2 所示。

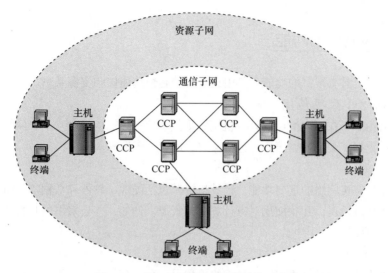

图 2-1-2　第 2 阶段计算机网络结构示意图

第 3 阶段（计算机网络互连阶段）：20 世纪 80 年代至 90 年代，建立了开放式系统互连参考模型（Open System Interconnection Reference Model，OSI/RM）和传输控制协议/网际协议（TCP/IP）两种国际标准的网络体系结构，其结构如图 2-1-3 所示。

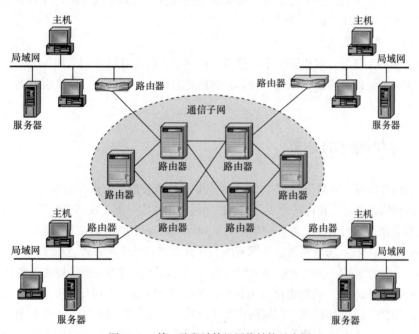

图 2-1-3　第 3 阶段计算机网络结构示意图

第 4 阶段（信息高速公路阶段）：20 世纪 90 年代至今，建立了以宽带综合业务数字网和 ATM 技术为核心建立的计算机网络，随着光纤通信技术的应用和多媒体技术的迅速发展，计算机网络向全面综合化、高速化和智能化方向发展，其结构如图 2-1-4 所示。

图 2-1-4　第 4 阶段计算机网络结构示意图

27

二、计算机网络的功能

计算机网络系统具有丰富的功能，其中最重要的是快速通信和资源共享。

1. 快速通信（数据传输）

计算机网络为分布在不同地点的计算机用户提供了快速传输信息的功能，网络上不同的计算机之间可以传送数据、交换各类信息（包括文字、声音、图形等）。

2. 共享资源

共享资源是计算机网络的重要功能。计算机资源包括硬件、软件和数据等。所谓共享资源就是指网络中各个计算机可以互相使用对方计算机的资源。例如，办公室里的几台计算机可以经网络共用一台激光打印机。

3. 提高可靠性

计算机网络中的一台计算机可以通过网络设置另一台计算机为后备机，一旦某台计算机出现故障，网络中的后备机可代替故障计算机继续执行任务，保证任务正常完成，避免系统瘫痪，从而提高了系统的可靠性。

4. 分担负荷

当网络上某台计算机的任务过重时，可将部分任务转交给其他较空闲的计算机处理，从而均衡计算机的负担，减少用户的等待时间。

5. 实现分布式处理

将一个复杂的大任务分解成若干个子任务，由网络上的计算机分别承担各个子任务，共同运作并完成整体任务，以提高整个系统的效率，这就是分布式处理模式。计算机网络使分布式处理成为可能。

三、计算机网络的分类

计算机网络可以有不同的分类方法，常用的分类方法有按网络的覆盖范围分类、按网络的拓扑结构分类、按网络物理结构和传输介质分类、按网络使用性质分类、按网络使用范围和对象分类。

（1）按覆盖范围进行分类，可将网络分为局域网、广域网和城域网 3 种类型。

① 局域网（LAN）。局域网覆盖范围有限，在几百米到几千米，覆盖范围一般是一个部门、一栋建筑物、一个校园或一个公司。局域网组网方便、灵活，网内数据传输速度较高。

② 广域网（WAN）。广域网也称为远程网，其作用范围在几十到几千千米，它可覆盖一个国家或地区，形成国际性的远程网。广域网内用于通信的传输装置和介质，一般由电信部门提供，广域网由多个部门或多个国家联合组建而成，网络规模大，能实现较大范围的资源共享。互联网就是典型的广域网。

③ 城域网（MAN）。城域网的作用范围介于局域网和广域网之间，约为几十千米。

（2）按拓扑结构进行分类，可以将网络分为总线型网络、环形网络、星形网络、树形网络、网状网络和混合型网络。例如，以总线型拓扑结构组建的网络为总线型网络，同轴电缆以太网系统就是典型的总线型网络；以星形拓扑结构组建的网络为星形网络，交换式局域网以及双绞线以太网系统都是星形网络。

① 总线型拓扑结构。总线型拓扑结构采用一条通信线路（总线）作为公共的传输通道，所有的节点都通过相应的接口直接连接到总线上，并通过总线进行数据传输，如图 2-1-5 所示。

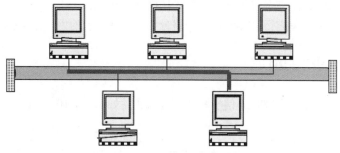

图 2-1-5 总线型拓扑结构

② 环形拓扑结构。环形拓扑结构是各个网络节点通过环接口连在一条首尾相接的闭合环形通信线路中，如图 2-1-6 所示。

③ 星形拓扑结构。星形拓扑结构的每个节点都由一条点到点链路与中心节点（公用中心交换设备，如中央交换机、Hub 等）相连，如图 2-1-7 所示。

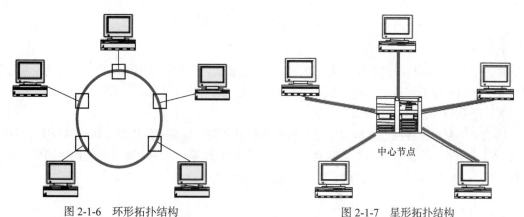

图 2-1-6 环形拓扑结构   图 2-1-7 星形拓扑结构

④ 树形拓扑结构。树形拓扑结构是从总线型和星形拓扑结构演变而来的，与星形拓扑结构相比，它的通信线路总长度短、成本较低、节点易于扩充、路径寻找比较方便，如图 2-1-8 所示。

⑤ 网状拓扑结构。网状拓扑结构是指将各网络节点与通信线路互连成不规则的形状，每个节点至少与其他两个节点相连，或者说每个节点至少有两条链路与其他节点相连，如图 2-1-9 所示。

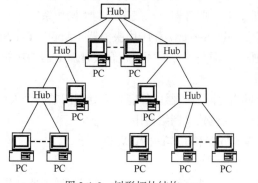

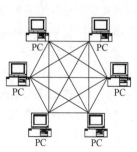

图 2-1-8 树形拓扑结构   图 2-1-9 网状拓扑结构

⑥ 混合型拓扑结构。混合型拓扑结构是由以上几种拓扑结构混合而成的。

（3）按物理结构和传输技术进行分类，可将网络分为广播式网络和点到点网络。

（4）按使用性质进行分类，可将网络分为公用网和专用网。

（5）按使用范围和对象进行分类，可将网络分为企业网、政府网、金融网、校园网。

四、计算机网络的组成

计算机网络主要由资源子网和通信子网两部分组成，如图 2-1-10 所示。

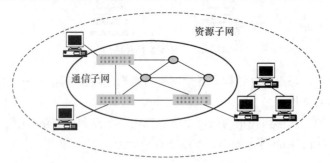

图 2-1-10　计算机网络的组成

1. 资源子网

资源子网主要包括联网的计算机、终端、外部设备、网络协议及网络软件等。它的主要任务是收集、存储和处理信息，为用户提供网络服务和资源共享功能等。

2. 通信子网

通信子网是指将各站点连接起来的数据通信系统，主要包括通信线路（即传输介质）、网络连接设备（如通信控制处理器）、网络协议和通信控制软件等。它的主要任务是连接网络上的各种计算机，完成数据的传输、交换、加工和通信处理工作。

五、计算机网络的硬件

计算机网络的硬件主要指网络中的计算机设备、传输介质和通信连接设备等。其中，计算机设备主要指服务器和工作站。

1. 计算机设备

（1）服务器（Server）。服务器是网络中的核心设备，负责网络资源管理和为用户提供服务，一般由高档微型计算机、工作站或专用服务器充当，服务器上一般运行网络操作系统。

从应用角度划分，服务器分为文件服务器（File Server）和应用服务器（Application Server）。文件服务器为网络提供文件共享和文件打印服务；应用服务器不仅包含文件服务器的功能，还能完成用户交给的其他任务。

（2）工作站（Workstation）。工作站是指网络上除服务器以外能独立处理问题的个人计算机。工作站有可独立工作的操作系统，可选择联网使用或独立网络使用。

（3）同位体（Peer）。同位体是可同时作为服务器和工作站的计算机。

2. 通信连接设备

（1）网卡（Network Interface Card，NIC）。网卡即网络接口卡，又称网络适配器，是计算机与传输介质连接的接口设备。它安装在服务器或工作站的扩展槽中。根据网卡的速度可将网卡划分为 10 Mbit/s 和 100 Mbit/s 两种。此外，还有一种 10/100 Mbit/s 自适应网卡，它既可以作 10 Mbit/s 网卡，也可以充当 100 Mbit/s 网卡。

（2）集线器（Hub）。在局域网的星形拓扑结构中，通常将若干台工作站经过双绞线汇接到一个称为集线器的设备上。集线器的主要作用是对信号进行中继放大，同时也能实现故障隔离，即当一台工作站出现故障时，不会影响网络上其他计算机的正常工作，如图 2-1-11 所示。

（3）调制解调器（Modem）。调制解调器是调制器（Modulator）和解调器（Demodulator）的简称。调制解调器的功能是将计算机输出的数字信号转换成模拟信号，以便能在电话线路上传输。当然，它也能够将线路上传来的模拟信号转换成数字信号，便于计算机接收。调制解调器分为内置式和外置式两种。内置式调制解调器是一块计算机扩展插卡，可以插入计算机的扩展槽中。外置式调制解调器是一个单独的盒子，可放在计算机外使用，与计算机的串行通信口或并行通信口相连。

图 2-1-11　集线器

（4）路由器（Router）。路由器用于连接两个以上同类网络，其位于某两个局域网的两个工作站之间。路由器的主要功能为识别网络层地址、选择路由、生成和保护路由表等。常见的路由器生产厂商包括 Cisco 公司和 Bay 公司，如图 2-1-12 所示。

（5）网桥（Bridge）。网桥用于连接两个操作系统类型相同的网络其主要作用是隔离和转发，网桥设备如图 2-1-13 所示。

图 2-1-12　路由器

图 2-1-13　网桥

（6）网关（Gateway）。当具有不同操作系统的网络互连时，一般需要使用网关。网关除了具有路由器的全部功能外，还能实现不同网络之间的协议转换，如图 2-1-14 所示。

（7）中继器（Repeater）。在计算机网络中，当网段超过最大距离时，就需要增设中继器，中继器对信号进行中继放大，从而增加网段的距离，如图 2-1-15 所示。

图 2-1-14　网关

图 2-1-15　中继器

其中网卡和集线器是最基础的计算机网络硬件之一。

3．传输介质

传输介质是指将网络上各个节点连接起来的物理线路，也是将信息从一个节点传输到另一个节点的物理通路。

传输介质分为有线（传输）介质和无线（传输）介质。其中，有线（传输）介质中的信息沿着一个固体介质传播，如双绞线、同轴电缆、光纤。无线（传输）介质中的信息则通过大气层传输，如微波、扩频无线电、红外线和激光。无线介质及相关传输技术是目前网络的重要发展方向之一。

（1）双绞线。双绞线也称网线，由两根按一定规则以螺旋形扭合在一起的绝缘铜导线组成，如图 2-1-16 所示。双绞线电缆是指多条包上护套的双绞线。双绞线分为屏蔽双绞线和非屏蔽双绞线。其中，屏蔽双绞线抗干扰性能好、价格高；非屏蔽双绞线灵活性好、重量轻。双绞线传输信号的速率为 10～1000 Mbit/s，最大直线传输距离为 100 m。

（2）同轴电缆。同轴电缆的中心是铜质的内层导线，内层导线外是一层绝缘体，绝缘体外包裹着一层网状编织的金属屏蔽作为外导体屏蔽层，屏蔽层将电线很好地包起来，最外层就是保护塑料外绝缘层了，如图 2-1-17 所示。

同轴电缆按直径不同分为粗缆和细缆两种类型。粗缆传输距离长、性能好，成本相对较高；细缆传输距离短、性能一般，成本相对较低。

（3）光纤。光纤即光导纤维，是一种光脉冲的传输介质，如图 2-1-18 所示。光纤主要分为单模光纤和多模光纤两类。单模光纤以激光器为光源，芯线较细，仅有一条光通路，信息容量大、传输距离长、成本较高；多模光纤以发光二极管为光源，芯线较粗，传输速度低、传输距离短、成本较低。

　　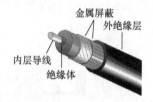　　

图 2-1-16　双绞线　　　　图 2-1-17　同轴电缆　　　　图 2-1-18 光纤

（4）微波。微波是无线电通信的信息载体，其频率为 1～10GHz。微波的传输距离在 50km 左右，微波传输信息容量大、传输质量高、建筑费用低，适合在网络布线困难的城市中使用。

（5）扩频无线电。扩频无线电采用不需要许可证的 900MHz 或 2.40GHz 的民用无线频段作为传输信道，通过先进的直接序列扩频或跳频扩频技术发射信号；扩频无线电传输速率高、发射功率小、抗干扰能力强、保密性好，多用于无线局域网。

（6）红外线和激光。两者都有很强的方向性，均沿直线传播，需要在发送方和接收方之间有一条直线通路。

六、数据通信

计算机通信有两种：一种是数字通信，另一种是模拟通信。数字通信是指将数字信号通过数字信道传送的通信方式；模拟通信是指将模拟信号通过模拟信道传送的通信方式。

1. 信道

信道是信号在通信系统中传输的通道，由信号从发射端传输到接收端所经过的传输介质构成。计算机通信中常用的传输介质有双绞线、同轴电缆、光缆和无线电波等。

2. 数字信号和模拟信号

信号是信息的载体。信号分为数字信号和模拟信号两类。数字信号是一种离散的脉冲序列，通常用一个脉冲表示一位二进制数。模拟信号是一种连续变化的信号，声音就是一种典型的模拟信号。目前，计算机内部处理的信号都是数字信号。

3．调制与解调

在发送端，将数字信号转换成能在模拟信道上传输的模拟信号，这个过程称为调制；在接收端，将模拟信号转换还原成数字信号的过程称为解调。

4．带宽与数据传输速率

在模拟信道中，带宽指能够有效通过该信道的信号的最大频带宽度，以 Hz、kHz、MHz 和 GHz 为单位。

在数字信道中，数据传输速率（比特率）表示信道的传输能力，即每秒单位中间内信道能够通过的数据量，单位为 bit/s、kbit/s、Mbit/s 和 Gbit/s。带宽与数据传输速率是通信系统的主要技术指标。

5．误码率

误码率是指在信息传输过程中的出错率，是通信系统的可靠性指标。在计算机通信中，一般要求误码率低于 10^{-6}，即百万分之一。

6．计算机通信的质量

计算机通信质量的两个最重要指标是数据传输速率和误码率。

七、网络体系结构和网络协议

1．计算机网络体系结构的基本概念

计算机网络的各层以及其协议的结合称为网络的体系结构。世界上第一个网络体系结构是美国 IBM 公司于 1974 年提出的系统网络体系结构（System Network Architecture，SNA）。

2．OSI/RM 开放系统互连参考模型

国际标准化组织（ISO）制定了网络通信的标准，即 OSI/RM。"开放"的意思是通信双方必须都要遵守该模型。OSI/RM 采用分层的结构化技术将网络通信分为 7 层。

这 7 层从低到高为物理层、数据链路层、网络层、传输层、会话层、表示层、应用层。OSI/RM 参与的每一层都定义了所实现的功能，完成某特定的通信任务，并只与相邻的上层和下层进行数据的交换，如图 2-1-19 所示。

3．TCP/IP 网络协议

TCP/IP 是 "Transmission Control Protocol/Internet Protocol" 的简写，中文译名为传输控制协议/国际协议。TCP/IP 是一种网络通信协议，它规范了网络上一个主机与另一个主机之间的数据往来格式及传送方式。TCP/IP 体系结构包含 4 个层次，分别为网络接口层、网络层、传输层、应用层。TCP/IP 与 OSI/RM 的层次对应关系如图 2-1-20 所示。

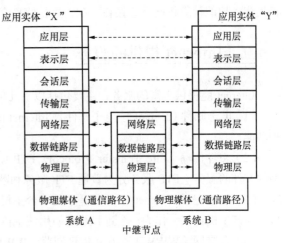

图 2-1-19　OSI/RM 模型

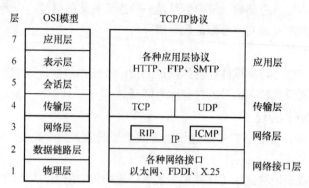

图 2-1-20　OSI/RM 体系结构与 TCP/IP 体系结构的对比

任务二　Internet 技术及应用

一、Internet 概述

1. Internet 的发展

Internet 起源于一个名叫 ARPANET 的广域网。该网是 1969 年创建的一个实验性网络。后来不断有新团体的网络加入该网，使它变得越来越大，功能也逐步完善起来，1983 年其正式被命名为 Internet，我国将其翻译为"因特网"。1994 年 4 月，我国正式加入 Internet。目前，我国已经建立了 5 大 Internet 主干网：中国科技网（CSTNET）、中国教育科研网（CERNET）、中国公用计算机网（CHINANET）、中国金桥信息网（CHINAGBN）、中国联通网（UNINET）。

2. Internet 的概念

Internet（互联网，又称因特网）是计算机网络的集合，其通过 TCP/IP 协议进行数据通信，把世界各地的计算机网络连接在一起，进行信息交换和资源共享。

二、Internet 提供的服务

Internet 能提供丰富的服务，主要包括以下几项。

（1）电子邮件（E-mail）。电子邮件是 Internet 的基本服务之一，是 Internet 上使用最频繁的一种功能。

（2）文件传输（Flie Transfer Protocol，FTP）。FTP 为 Internet 用户提供在网络上传输各种类型的文件的服务。FTP 服务分为普通 FTP 服务和匿名 FTP 服务两种。

（3）远程登录（Telnet）。远程登录是一台主机的 Internet 用户使用另一台主机的登录账号和口令与该主机连接，作为一个远程终端使用该主机资源的服务。

（4）万维网（WWW）交互式信息浏览。WWW 是 "World Wide Web" 的缩写，是 Internet 的多媒体信息查询工具，是 Internet 上发展最快和使用最广的服务。它使用超文本和链接技术，使用户能简单地浏览或查阅所需的信息。

三、Internet 的地址

1. IP 地址

Internet 中的所有计算机称为主机，每台主机必须有一个标识，就是 IP 地址。IP 地址由网络号和主机号组成，其中网络号用于识别网络，主机号用于识别该网络中的主机。

IP 地址共有 32 位，一般用 4 个字节表示，每个字节的数用十进制表示，即每个字节的数的范围是 0～255，且字节的数之间用"."隔开。例如，166.111.68.10 就是一个 IP 地址，其中 166.111 表示清华大学，68 表示计算机系，10 表示主机。

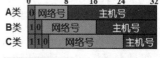

IP 地址共分为 5 类，即 A 类地址、B 类地址、C 类地址、D 类地址和 E 类地址，其中 A、B、C 类地址如图 2-2-1 所示。

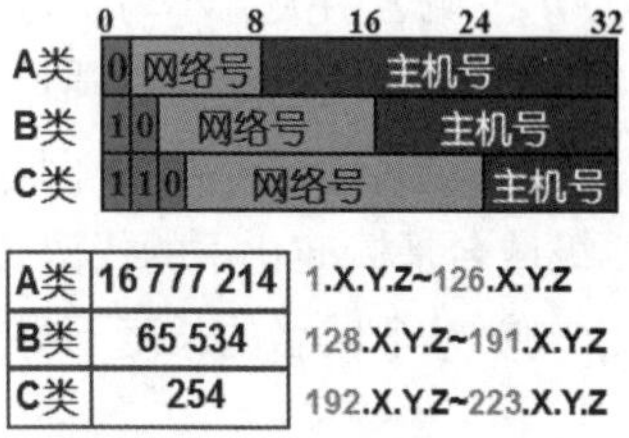

（1）A 类地址。在 IP 地址的 4 段号码中，第 1 段号码为网络号，剩下的 3 段号码为主机号，网络号的最高位必须是"0"。A 类 IP 地址中网络号的长度为 8 位，主机号的长度为 24 位。A 类网络地址数量较少，可以用于主机数达 1 600 多万台的大型网络。

图 2-2-1　A、B、C 类 IP 地址

（2）B 类地址。在 IP 地址的 4 段号码中，前两段号码为网络号，剩下的两段号码为主机号。网络号的最高位必须是"10"。B 类 IP 地址中网络号和主机号的长度均为 16 位。B 类网络地址适用于中等规模网络，每个网段能容纳的主机数为 6 万多台。

（3）C 类地址。在 IP 地址的 4 段号码中，前 3 段号码为网络号，剩下的第 4 段号码为主机号，网络号的最高位必须是"110"。C 类 IP 地址中网络号的长度为 24 位，主机号的长度为 8 位。C 类网络地址数量较多，适用于小规模的局域网络，每个网段最多只能容纳 254 台主机。

（4）D 类地址。D 类地址用于 IP 网络中的组播，一个组播地址是唯一的网络地址。它指导报文到达预定义的 IP 地址组，D 类地址通常留作特殊用途。

（5）E 类地址。E 类地址的前 4 位恒为 1，因此有效的地址范围为 240.0.0.0 至 255.255.255.255。E 类地址虽被定义，但被保留作研究用。

2. 特殊 IP 地址

（1）回送地址。A 类网络地址 127.0.0.0 是一个保留地址，用于网络软件测试以及本地机器进程间通信，这个 IP 地址被称为回送地址（Loopback Address）。

（2）私有地址。私有地址被大量用于企业内部网络，而不在 Internet 上使用。私有地址范围段如下。

10.0.0.0～10.255.255.255	1 个 A 类地址
172.16.0.0～172.31.255.255	16 个连续的 B 类地址
192.168.0.0～192.168.255.255	256 个连续的 C 类地址

3. 域名与域名系统

（1）域名与域名系统的概念

由于 IP 地址使用数字来表示，因而不便于记忆，人们更习惯记忆有意义的字符。1983 年，Internet 采用了具有层次树状结构的域名系统（Domain Name System，DNS）。采用这种命名方法，任何一个连接在 Internet 上的主机或路由器，都可以拥有一个层次结构名，即域名（Domain Name）。

（2）域名的组成

域名的实质就是用一组具有记忆功能的英文简写代替 IP 地址。为了避免重名，主机的域名采

用层次结构，域名分为顶层（Top-Level）、第二层（Second Level）、子域（Sub Domain）等。各层次的子域名之间用圆点"."隔开，从右到左分别顶级域名、二级域名、三级域名直至主机名，其结构如下。

主机名.…….二级域名.顶级域名

（3）域名的使用规则

① 只能以字母字符开头，以字母字符或数字结尾，其他位置可用字符、数字、连字符或下划线。

② 域名中大、小写字母视为相同。

③ 各子域名之间以圆点隔开。

④ 域名中最左侧的子域名通常代表机器所在单位名，中间各子域名代表相应层次的域名，顶级域名是标准化了的代码。常用的顶级域名标准代码如表 2-2-1 所示。

⑤ 整个域名的长度不得超过 255 个字符。

表 2-2-1　　　　　　　　　常用的顶域名的标准代码

域 名 代 码	意　　义
COM	商业组织
EDU	教育机构
GOV	政府机构
MIL	军事部门
NET	主要网络支持中心
ORG	其他组织
INT	国际组织

四、连接到 Internet

连接到 Internet，就是将自己的计算机与 Internet 上的某台服务器或网络建立连接，并向 Internet 服务供应商（Internet Service Provider，ISP）提出申请，办理相关的接入手续。一般将计算机连入 Internet 有 2 种方式，即专线连接和拨号入网。

1. 专线连接

通过专用线路将局域网接入 Internet，局域网中的计算机用户可以经此专线进入 Internet，这种方式的上网速度比较快。专线连接分为以下几种。

① ISDN 专线接入。

② ADSL（网络快车）专线接入。

③ DDN 专线接入。

④ 光纤接入。

2. 拨号上网

单用户通过电话线上网，这种上网方式比较简单，但速度较慢。用户如果需要通过拨号接入 Internet，首先应向某个 ISP 申请一个合法的 Internet 账号。ISP 是用户接入 Internet 的入口点。只有成功申请到 Internet 账号后，用户计算机才能与 ISP 建立连接，然后由 ISP 动态分配一个 IP 地址，使用户的计算机成为 Internet 中的一员。

习题

1. 计算机网络是计算机技术与（　　）相结合的产物。

    A. 各种协议　　　　B. 通信技术　　　　C. 电话　　　　　D. 线路

2. 计算机网络建立的主要目的是实现计算机资源的共享，计算机资源主要是指计算机的（　　）。

    A. 软件与数据库　　　　　　　　　B. 服务器、工作站与软件

    C. 硬件、软件与数据　　　　　　　D. 通信子网与资源子网

3. 下列有关计算机网络的叙述中错误的是（　　）。

    A. 利用 Internet 网可以使用远程的超级计算中心的计算机资源

    B. 计算机网络是在通信协议控制下实现的计算机互连

    C. 建立计算机网络的最主要目的是实现资源共享

    D. 以接入的计算机的多少可以将网络划分为广域网、城域网和局域网

4. 将计算机网络划分为局域网（LAN）、城域网（MAN）、广域网（WAN）是按（　　）划分的。

    A. 用途　　　　　B. 连接方式　　　　C. 使用范围　　　　D. 以上都不对

5. LAN 通常是指（　　）。

    A. 广域网　　　　B. 局域网　　　　　C. 资源子网　　　　D. 城域网

6. 局域网常用的基本拓扑结构有（　　）、环形和星形。

    A. 层次型　　　　B. 总线型　　　　　C. 交换型　　　　　D. 分组型

7. 以下不是网络拓扑结构的是（　　）。

    A. 总线型　　　　B. 星形　　　　　　C. 开放型　　　　　D. 环形

8. 单个节点的故障不会影响到网络的其他部分，但中心节点的故障会导致整个网络瘫痪的网络拓扑结构是（　　）。

    A. 总线型拓扑结构　　　　　　　　B. 星形拓扑结构

    C. 环形拓扑结构　　　　　　　　　D. 树形拓扑结构

9. 系统可靠性最高的网络拓扑结构是（　　）。

    A. 总线型　　　　B. 网状　　　　　　C. 星形　　　　　　D. 树形

10. 网络可以通过无线的方式进行联网，以下不属于无线传输介质的是（　　）。

    A. 微波　　　　　B. 无线电波　　　　C. 光缆　　　　　　D. 红外线

11. 网络的有线传输介质包括双绞线、同轴电缆和（　　）。

    A. 铜电线　　　　B. 通信卫星　　　　C. 光缆　　　　　　D. 微波

12. 一个办公室有多台计算机，每台计算机都配备有网卡，并已购买了一台网络集线器和一台打印机，一般通过（　　）组成局域网，使这些计算机可以共享这一台打印机。

    A. 光纤　　　　　B. 双绞线　　　　　C. 电话线　　　　　D. 无线

13. 典型的局域网硬件部分可以看作由以下 5 部分组成：网络服务器、工作站、传输介质、

网络交换机（或集线器）与（　　　）。

    A．网卡　　　　　　B．路由器　　　　　　C．IP 地址　　　　D．TCP\IP 协议

14．Internet 主要由 4 部分组成，其中包括路由器、主机、信息资源与（　　　）。

    A．数据库　　　　B．管理员　　　　C．销售商　　　　D．通信线路

15．Internet 主要的互连设备是（　　　）。

    A．集线器　　　　B．路由器　　　　C．调制解调器　　　D．以太网交换机

16．支持局域网与广域网互连的设备称为（　　　）。

    A．转发器　　　　B．以太网交换机　　　C．路由器　　　D．网桥

17．互联网最常见的形式是（　　　）。

    A．几个局域网直接连接起来　　　　　　B．几个城域网直接连接起来

    C．几个城域网通过广域网连接起来　　　D．几个局域网通过广域网连接起来

如下图所示：

18．关于网络协议，下列选项中正确的是（　　　）。

    A．是网民们签订的合同

    B．协议，简单地说就是为了网络信息传递，共同遵守的约定

    C．TCP/IP 只能用于 Internet，不能用于局域网

    D．拨号网络对应的协议是 IPX/SPX

19．网络通信是通过（　　　）实现的，它们是通信双方必须遵守的约定。

    A．网卡　　　　B．双绞线　　　　C．通信协议　　　D．调制解调器

20．关于网络协议，下列说法中正确的是（　　　）。

    A．协议的实现，保证能够为上一层提供服务

    B．协议是控制对等实体之间的通信规则

    C．协议的语言方面的规则定义了所交换的信息格式

    D．以上都正确

21．传输控制协议/网际协议即（　　　），属于工业标准协议，是 Internet 采用的主要协议。

    A．Telnet　　　　B．TCP/IP　　　　C．HTTP　　　　D．FTP

22．提供不可靠传输的传输层协议是（　　　）。

    A．TCP　　　　B．IP　　　　C．UDP　　　　D．PPP

23．ADSL 技术主要解决的问题是（　　　）。

    A．宽带接入　　　B．多媒体综合网络　　　C．宽带交换　　　D．宽带传输

24．通过电话线路在计算机之间建立的临时通信连接称为（　　　）。

    A．拨号连接　　　B．专线连接　　　C．直接连接　　　D．间接连接

25．为了以拨号的方式接入 Internet，必须使用的设备是（　　　）。

    A．电话机　　　　B．网卡　　　　C．Modem　　　　D．声卡

26．接入 Internet 不会影响用户正常拨打和接听电话的途径主要是通过（　　　）。

    A．ADSL　　　　B．局域网　　　　C．拨号　　　　D．ADSL 和局域网

27. 拨号入网使用的 Modem 一端连在计算机上，另一端应连在（   ）。

    A. 打印机上   B. 电话线上   C. 数码相机上   D. 扫描仪上

28. 通过局域网连接到 Internet，需要以下哪种硬件（   ）。

    A. Modem   B. 网络适配器（又称"网卡"）

    C. 电话   D. 驱动程序

29. 给出如下选项：①网卡；②网线；③路由器；④Modem，通过局域网方式接入 Internet 必需的硬件有（   ）。

    A. ①、③   B. ②、③   C. ③、④   D. ①、②

30. 网络可以通过无线的方式进行联网，以下不属于无线传输介质的是（   ）。

    A. 微波   B. 无线电波   C. 光缆   D. 红外线

31. 数据通信中的信道传输速率单位用 bit/s 表示，bit/s 的含义是（   ）。

    A. bytes per second（每秒字节）   B. baud per second（每秒波特）

    C. bits per second（每秒位或每秒比特）   D. billion per second（每秒百万）

32. （   ）被认为是 Internet 的前身。

    A. 万维网   B. ARPANET   C. HTTP   D. APPLE

33. 下列说法中正确的是（   ）。

    A. Internet 计算机必须是个人计算机

    B. Internet 计算机必须是工作站

    C. Internet 计算机必须使用 TCP/IP 协议

    D. Internet 计算机在相互通信时必须运行同样的操作系统

34. 下列有关 Internet 互联网的概念中，错误的是（   ）。

    A. Internet 即国际互联网络   B. Internet 具有子网和资源共享的特点

    C. Internet 在中国被称为因特网   D. Internet 就是 www

35. 关于 Internet 的知识，下列说法中不正确的是（   ）。

    A. 可以进行网上购物   B. 起源于美国军方的网络

    C. 可以实现资源共享   D. 消除了安全隐患

36. 中国教育科研网的缩写为（   ）。

    A. ChinaNet   B. CERNET   C. CNNIC   D. ChinaEDU

37. 当前，我国的（   ）主要以科研和教育为目的，从事非经营性的活动，其缩写是（   ）。

    A. 中国教育科研网，CERNET   B. 中国公用计算机网，ChinaNet

    C. 金桥信息网，GBNet   D. 中科院网络，CSTNet

38. ISP 的中文名称为（   ）。

    A. Internet 软件提供者   B. Internet 应用提供者

    C. Internet 服务提供者   D. Internet 访问提供者

39. 网站向网民提供信息服务，网络运营商向用户提供接入服务，分别称它们为（   ）。

    A. ICP、ISP   B. ICP、IP   C. ISP、IP   D. UDP、TCP

40. 以下关于代理服务器的描述，不正确的是（   ）。

    A. 代理服务器处在客户机和服务器之间，既是客户机又是服务器

    B. 代理服务器不需要与 ISP 连接

    C. 代理服务器可以使公司内部网络与 ISP 实现连接

D. 代理服务器可以起到防火墙的作用

41. IP 地址能唯一地确定 Internet 上每台计算机与每个用户的（   ）。

    A. 距离   B. 费用   C. 位置   D. 时间

42. 目前使用的 IP 地址，共有（   ）位（二进制）。

    A. 8   B. 16   C. 32   D. 128

43. 当前，普遍使用的 Internet IP 版本是（   ），该版本的 IP 地址为 32 位。

    A. IPv6   B. IPv3   C. IPv4   D. IPv5

44. 下列 IP 地址中，非法的 IP 地址组是（   ）。

    A. 255.255.255.0 与 10.10.3.1   B. 127.0.0.1 与 192.168.0.21

    C. 202.196.64.1 与 202.197.176.16   D. 259.197.184.2 与 202.197.184.144

45. 合法的 IP 地址书写格式是（   ）。

    A. 202.196.256.50   B. 202、196、112、50

    C. 202，196，112，50   D. 202.196.112.50

46. 在 Internet 中，主机的 IP 地址与域名的关系是（   ）。

    A. IP 地址是域名中部分信息的表示   B. 域名是 IP 地址中部分信息的表示

    C. IP 地址和域名是等价的   D. IP 地址和域名分别表达不同的含义

47. 下列 4 项中表示域名的是（   ）。

    A. 202.96.68.123   B. hk@zzu.edu.cn   C. zzu@163.com   D. cctv.com

48. 用于解析域名的协议是（   ）。

    A. HTTP   B. DNS   C. FTP   D. SMTP

49. 应用层 DNS 协议主要用于实现哪种网络服务功能（   ）？

    A. 域名到 IP 地址的映射   B. 网络硬件地址到 IP 地址的映射

    C. 进程地址到 IP 地址的映射   D. 用户名到进程地址的映射

Windows 7 操作系统

任务一 认识 Windows 7 界面

一、Windows 7 界面概述

1. 桌面

启动 Windows 7 以后，会出现画面，这就是通常所说的计算机桌面。用户的工作都是在桌面上进行的。桌面上包括图标、任务栏、Windows 边栏等部分。

（1）桌面图标。桌面上的小图片称为图标，它可以代表一个程序、文件、文件夹或其他项目。Windows 7 的桌面上通常有【计算机】【回收站】等图标和其他一些程序文件的快捷方式图标。

【计算机】表示当前计算机中的所有内容。双击这个图标可以快速查看硬盘、CD-ROM 驱动器以及映射网络驱动器的内容。

【回收站】中保存着用户从硬盘中删除的文件或文件夹。当用户误删除或再次需要这些文件时，还可以到【回收站】中将其取回。

（2）任务栏。任务栏是位于屏幕底部的一个水平的长条，由【开始】按钮、快速启动工具栏、任务按钮区、通知区域 4 个部分组成，如图 3-1-1 所示。

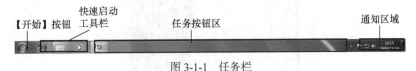

图 3-1-1　任务栏

【开始】按钮：用于打开【开始】菜单。

快速启动工具栏：单击其中的按钮即可启动程序。

任务按钮区：显示已打开的程序和文档窗口的任务按钮，单击任务按钮可以快速地在程序和文档窗口中进行切换；也可在任务按钮上右键单击，通过弹出的快捷菜单对程序进行控制。

通知区域：包括时钟、输入法、音量以及一些告知特定程序和计算机设置状态的图标。

任务栏与桌面不同的是：桌面可以被窗口覆盖，而任务栏始终可见。

① 通过任务栏查看窗口。当一次打开多个程序或文档时，它们所对应的窗口会堆叠在桌面上。这种情况下使用任务栏查看窗口就很方便了。每打开一个程序、文件或文件夹，Windows 都会在任务栏上创建与之对应的任务按钮，并且按钮上会显示该项目的图标和名称，单击不同的任务按钮，该任务所对应的窗口就会显示在所有窗口最上方。

② 调整与锁定任务栏。有时根据需要还可以调整任务栏中的快速启动工具栏、任务按钮区、通知栏的空间大小。调整任务栏的方法如下。

a. 默认情况下，任务栏是被锁定的，必须取消锁定才能对其进行调整。解锁任务栏的方法为：在任务栏空白处右键单击，从弹出的快捷菜单中单击已经被勾选的【锁定任务栏】选项，以取消对其的选择，如图 3-1-2 所示。

图 3-1-2 【锁定任务栏】选项

b. 任务栏解锁后，会在任务栏上出现 3 个带小凸点的拖动条，将任务栏分成 4 份，即【开始】按钮、快速启动工具栏、任务按钮区和通知区域。

c. 将鼠标指针置于某个拖动条上，鼠标指针变成⟷形状。

d. 这时按下鼠标左键，当鼠标指针变成形状时，可左右拖动拖动条，分配任务栏 4 个组成部分的空间大小。将快速启动工具栏右侧的拖动条向右拖动后，增大了快速启动工具栏的空间，原来因空间不够而被隐藏的图标就会显现出来。

e. 调整好任务栏后，再次在任务栏空白处右键单击，从弹出的快捷菜单中单击【锁定任务栏】选项，将任务栏勾选锁定，以免不小心改变调整好的任务栏。

（3）Windows 边栏。Windows 边栏可以显示一些小工具，如便笺、股票、联系人、日历、时钟、天气、图片拼图板等，通过一些简单的操作便可以查询常用的信息。

利用【开始】菜单启动程序

2.【开始】菜单

【开始】菜单是计算机程序、文件夹和设置的主门户，使用【开始】菜单可以方便地启动应用程序、打开文件夹、访问 Internet 和收发邮件等，也可对系统进行各种设置和管理。【开始】菜单的组成如图 3-1-3 所示。

图 3-1-3 【开始】菜单

左窗格：用于显示计算机上已经安装的程序。

右窗格：提供了对常用文件夹、文件、设置和其他功能访问的链接，如图片、文档、音乐、控制面板等。

用户图标：代表当前登录系统的用户。单击该图标，将打开【用户账户】窗口，以便进行用户设置。

搜索框：输入搜索关键词，单击【搜索】按钮即可在系统中查找相应的程序或文件。

系统关闭工具：包括一组工具，可以注销 Windows、关闭或重新启动计算机，也可以锁定系统或切换用户，还可以使系统休眠或睡眠。

3. 窗口

每次打开一个应用程序或文件、文件夹后，屏幕上出现的一个长方形的区域就是窗口。在运行某一程序或在这个过程中打开一个对象，会自动打开一个窗口。下面以【计算机】窗口为例，介绍一下窗口的组成，如图 3-1-4 所示。

打开窗口及窗口中的对象

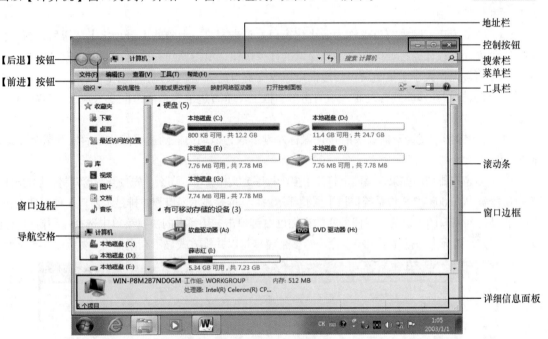

图 3-1-4　【计算机】窗口

窗口的各组成部分及其功能介绍如下。

地址栏：在地址栏中可以看到当前窗口在计算机或网络上的位置。在地址栏中输入文件路径后，单击▸按钮，即可打开相应的文件。

搜索栏：在搜索栏中输入关键词，筛选文件名和文件自身的文本、标记以及其他文件属性，可以在当前文件夹及其所有子文件夹中进行文件或文件夹的查找。搜索的结果将显示在文件列表中。

【前进】和【后退】按钮：使用【前进】和【后退】按钮可以导航到曾经打开的其他文件夹，而无须关闭当前窗口。这些按钮可与地址栏配合使用。例如，使用地址栏更改文件夹后，可以使用【后退】按钮返回到原来的文件夹。

菜单栏：显示应用程序的菜单选项。单击每个菜单选项可以打开相应的子菜单，用户可以从中选择需要的操作命令。

工具栏：提供一些工具按钮，可以直接单击这些按钮来完成相应的操作，以提高效率。

控制按钮：包括【最小化】按钮 、【最大化】按钮 或【还原】按钮 、【关闭】按钮 。

窗口边框：用于标识窗口的边界。用户可以用鼠标拖动窗口边框以调节窗口的大小。

导航窗格：用于显示所选对象中包含的可展开的文件夹列表，以及收藏夹链接和用户保存的搜索项。通过导航窗格，可以直接导航到所需文件的文件夹。

滚动条：拖动滚动条可以显示隐藏在窗口中的内容。

详细信息面板：用于显示与所选对象关联的最常见的属性。

Windows 7 是一个多任务、多窗口的操作系统，可以在桌面上同时打开多个窗口，但同一时刻只能对其中的一个窗口进行操作。

（1）窗口的最大化。单击窗口右上角的【最大化】按钮或双击窗口的标题栏，可使窗口充满整个桌面。

（2）关闭窗口。单击窗口右上角的【关闭】按钮即可关闭当前窗口。关闭窗口后，该窗口将从桌面和任务栏中删除。

（3）隐藏窗口。隐藏窗口也称为最小化窗口。单击窗口右上角的【最小化】按钮后，窗口会从桌面消失，但在任务栏处仍会显示该窗口的任务按钮，单击该任务按钮，即可将窗口还原。

（4）调整窗口大小。拖动窗口的边框可以改变窗口的大小，具体操作步骤如下。

① 将鼠标指针移动到要改变大小的窗口边框上（垂直边框、水平边框或一角），如移动到右侧边框上。

② 待指针形状变为双向箭头时按住鼠标左键不放，拖动边框到适当的位置后松开鼠标左键，此时窗口的大小被改变。

（5）多窗口排列。如果在桌面上打开了多个程序或文档窗口，那么，先打开的窗口将被后打开的窗口所覆盖。Windows 7 操作系统提供了层叠显示窗口、堆叠显示窗口和并排显示窗口 3 种排列方式。

自动排列窗口的方法为：在任务栏的空白处右键单击，从弹出的快捷菜单中选择一种窗口排列方式。例如，选择【并排显示窗口】命令，多个窗口将以并排方式显示在桌面上，如图 3-1-5 所示。

图 3-1-5 多个窗口并排显示

二、Windows 7 界面介绍

1. 对话框

如果 Windows 在运行命令的过程中需要更多信息，就会通过对话框提问。用户回答相关问题后，命令继续执行。与常规窗口不同的是，对话框不能改变形状大小，只可以移动。简单的对话框只有几个按钮，而复杂的对话框除了按钮之外，还包括下述的一项或多项组成部分。

（1）文本框。文本框是一个用来输入文字的矩形区域。

（2）列表框。列表框中会显示多个选项，用户可以从中选择一个或多个。被选中的选项会加亮显示或背景变暗。

（3）下拉列表框。下拉列表框是一种单行列表框，其右侧有一个下三角按钮，单击该按钮将打开下拉列表，可以从中选择需要的选项。

（4）命令按钮。单击对话框中的命令按钮，将开始执行按钮上显示的命令。如单击【确定】按钮，系统将接受输入或选择的信息并关闭对话框。

（5）单选按钮。单选按钮用圆圈表示，一般提供一组互斥的选项，其中只能有一项被选中。如果选择了另一个选项，原先的选择将被取消。被选中的选项用带点的圆圈表示，形状为 " "。

（6）选项卡。当对话框包含的内容很多时，常会采用选项卡，每个选项卡中都含有不同的设置选项。实际上，每个选项卡都可以看作一个独立的对话框，但一次只能显示一个选项卡，要在不同的选项卡之间切换时，只要单击选项卡上方的文字标签即可。

（7）复选框。复选框带有方框标识，一般提供一组相关选项，可以同时勾选多个选项。被选中的选项的方框中出现一个 "√"，形状为 " "。

（8）数值微调框。数值微调框用于设置参数的大小，可以直接在其中输入数值，也可以单击微调框右边的微调按钮来改变数值的大小。

（9）组合列表框。组合列表框可看作文本框和下拉列表框的组合，可以在其中直接输入文字，也可以单击右侧的下三角按钮打开下拉列表框，从中选择需要的选项。

2. 菜单

菜单是一种形象化的称呼，它是一张命令列表，用户可以在菜单中选择所需的命令来指示程序执行相应的操作。

主菜单是程序窗口构成的一部分，一般位于程序窗口的地址栏下，几乎包含了该程序所有的操作命令。常见的主菜单选项包括【文件】【编辑】【查看】【工具】【帮助】等，单击这些菜单选项，将会弹出相应下拉菜单，从而可以选择相应的命令。例如，在计算机窗口中单击【查看】菜单选项，即可打开如图 3-1-6 所示的菜单。

下面，我们来认识【查看】菜单中各命令的含义。

勾选标记 ：如果某菜单命令前面有勾选标记，则表示该命令处于有效状态，单击此菜单命令将取消

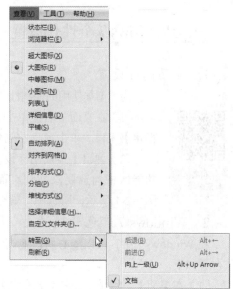

图 3-1-6 【查看】菜单

该勾选标记。

圆点标记 ⊙：表示该菜单命令处于有效状态，与勾选标记的作用基本相同。但圆点标记是一个单选标记，在一组菜单命令中只允许一个菜单命令被选中，而勾选标记无此限制。

省略号标记 ⋯：选择此类菜单命令，将打开一个对话框。

向右箭头标记 ▶：选择此类菜单命令，将在右侧弹出一个子菜单。

字母标记：在菜单命令的后面有一个用圆括号括起来的字母，称为"热键"，打开某个菜单后，可以从键盘输入该字母来选择对应的菜单命令。例如，打开【查看】菜单后，按下"L"键即可执行【列表】命令。

快捷键：位于某个菜单命令的后面，如"Alt + →"。使用快捷键可以在不打开菜单的情况下，直接选择对应的菜单命令。

3．应用程序的启动方法

启动计算机应用程序的方法多种多样，下面介绍两种较为常用的方法。

（1）单击桌面左下角的【开始】按钮，打开【开始】菜单，单击【所有程序】按钮，在左窗格中显示系统已安装的应用程序，单击应用程序所在的文件夹将其打开，然后选择要打开的应用程序，如图 3-1-7 所示。

（2）将鼠标指针移到桌面上要打开的应用程序的图标上，双击即可打开该应用程序。

图 3-1-7　启动应用程序

任务二　设置个性化 Windows 7 工作环境

一、Windows 7 个性化设置

1．桌面图标设置

添加和更改桌面系统图标

为了增加使用的便利性，通常把一些常用的系统图标放在桌面上，操作步骤如下。

（1）在桌面上右键单击，从弹出的快捷菜单中选择【个性化】命令，打开【个性化】窗口。单击窗口左侧任务窗格中的"更改桌面图标"链接。

（2）弹出【桌面图标设置】对话框，在【桌面图标】选项卡中的【桌面图标】功能区中勾选要添加到桌面的图标前面的复选框，然后单击【确定】按钮，如图 3-2-1 所示，所选图标就会被添加到桌面上。

2．Windows 7 颜色外观设置

在 Windows 7 中，可以随心所欲地调整【开始】菜单、任务栏及窗口的颜色和外观，具体操作步骤如下。

（1）在桌面上右键单击，从弹出的快捷菜单中选择【个性化】命令，打开【个性化】窗口，单击"窗口颜色"链接。

（2）打开【更改窗口边框、「开始」菜单和任务栏的颜色】窗口，在 Windows 7 颜色方案中单击喜欢的颜色，如单击橘黄色；勾选【启用透明效果】复选框可以使窗口具有像玻璃一样的透明效果；拖动【颜色浓度】右侧的滑块可以调节所选颜色的浓度。在整个调整的过程中可以随时预览调整效果，若满意，单击【确定】按钮保存设置即可，如图 3-2-2 所示。

图 3-2-1　【桌面图标设置】对话框

图 3-2-2　更改颜色的窗口

3.　更换桌布

Windows 7 桌面背景俗称桌布，用户可以根据自己的喜好更换桌布。

（1）在桌面上右键单击，从弹出的快捷菜单中选择【个性化】命令，打开【个性化】窗口，单击窗口中的【桌面背景】链接。

（2）打开【选择桌面背景】窗口，图片列表框中提供了多张图片供选择。如果想选择计算机中的图片作为背景，可单击【浏览】按钮从计算机中选择图片，如图 3-2-3 所示。

（3）在弹出的【浏览文件夹】对话框中选择需要的文件夹，然后单击【确定】按钮，如图 3-2-4 所示。

图 3-2-3　【选择桌面背景】窗口

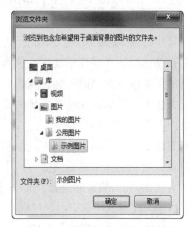

图 3-2-4　【浏览文件夹】对话框

（4）返回到【选择桌面背景】窗口，单击【确定】按钮保存设置，如图 3-2-5 所示。这时，桌面背景已经更换成用户选择的图片了，如图 3-2-6 所示。

图 3-2-5 【选择桌面背景】窗口

图 3-2-6 更换后的桌面背景

设置屏幕保护程序

4. 屏保设置

若显示器长时间显示同一个画面，容易导致老化而缩短使用寿命。如果设置了屏保功能，一段时间内不使用计算机，系统就会自动启动屏幕保护程序，在屏幕上显示动画，以保护屏幕。

设置屏保的具体操作步骤如下。

（1）在桌面上右键单击，从弹出的快捷菜单中选择【个性化】命令，打开【个性化】窗口，单击窗口下部的"屏幕保护程序"链接。

（2）弹出【屏幕保护设置】对话框，在【屏幕保护程序】下拉列表框中选择喜欢的屏保程序。

（3）选择好屏保程序后，可在对话框中的预览窗口中预览到屏保效果；然后在【等待】文本框中设置屏保等待时间；设置完毕后单击【确定】按钮即可。

二、Windows 7 工作环境设置

1. 创建桌面快捷方式

在 Windows 7 操作系统中，所有的文件、文件夹以及应用程序都由形象化的图标表示。在桌面上的图标被称为桌面图标，双击桌面图标可以快速打开相应的文件、文件夹或应用程序。

方法 1：在 Windows 7 系统的资源管理器中找到想要创建快捷方式的程序或文件，将其拖动到桌面上松开鼠标即可。

方法 2：打开资源管理器，鼠标右键单击想要创建快捷方式的程序或者文件，选择【发送到】子菜单，然后选择【桌面快捷方式】命令即可。

方法 3：打开资源管理器，选中想要创建快捷方式的程序或文件、文件夹，在工具栏上单击【复制】按钮，在桌面任意空白处鼠标右键单击，在弹出的快捷菜单中选择【粘贴】命令即可。

方法 4：单击【开始】程序，在【开始】菜单中选择要创建快捷方式的程序，按住鼠标左键

不放，将程序拖出到桌面上然后松开鼠标即可。

方法 5：单击【开始】|【程序】命令，选中想要创建快捷方式的程序，然后按下鼠标左键不放，同时左手按住"Ctrl"键，将程序拖出到桌面上并松开鼠标，左手松开"Ctrl"键即可，这样既可以在桌面上创建快捷方式 ，还可以将程序命令保留在程序菜单中。

2. 桌面小工具

（1）小工具添加。在 Windows 7 中启用桌面小工具的方法是，在桌面空白处单击右键，在快捷菜单中选择【小工具】命令，即可打开桌面小工具库，如图 3-2-7 所示。

图 3-2-7　桌面右键快捷菜单

Windows 7 小工具库中默认的小工具有 CPU 仪表盘、幻灯片放映、货币、日历、时钟、天气、图片拼图板、源标题等几种，可以满足一般用户的需求，如图 3-2-8 所示。

在 Windows 7 小工具库中，单击任一小工具，并单击"显示详细信息"链接，即可在下方看到该小工具的相关信息，如图 3-2-9 所示。

图 3-2-8　桌面小工具库

图 3-2-9　小工具相关信息

（2）小工具应用设置。在 Windows 7 中，在打开的小工具上单击鼠标右键，可以在弹出的快捷菜单中进行不透明度、前端显示等设置，如图 3-2-10 所示。对于各种不同的小工具，还有更多特别的设置，如时钟可以选择时钟的样式、名称、时区或者是否显示秒针等。

图 3-2-10　小工具右键菜单

3. 设置 Windows 7 用户账户

Windows 7 支持多用户管理，可以为每一个用户创建一个用户账户并为每个用户配置独立的用户文件，从而使每个用户登录计算机时，都可以进行个性化的环境设置。

在控制面板中，单击"用户账户和家庭安全"链接，打开相应的窗口，用户可以对用户账户、家长控制进行管理。

在【用户账户】界面中，可以更改当前用户的密码和图片，也可以添加或删除用户账户。

任务三　管理 Windows 7 文件及文件夹

一、Windows 7 文件系统

1. 文件

文件是数据在磁盘上的组织形式，如一张表格、一封信、一个通知，还有声音、图像、视频

新建文件和
文件夹

等都可以是一个文件，它们最终都将以文件的形式存储在计算机的磁盘上。

（1）文件命名。文件名由主文件名和扩展名组成。

（2）命名规则。

主文件名的命名规则如下。

① 由字母、数字、特殊符号组成，但不得超过 256 个字符。

② 不能使用 " " * / \ < > | : ? " 这 9 个字符。

③ 用户可以以任意大小写形式命名文件和文件夹，Windows 将保留用户指定的大小写格式，但不能利用大小写来区别文件名。

④ 同一个文件夹内的文件不可同名。

⑤ 在 Windows 7 中文版操作系统中，用户可以使用汉字来命名文件和文件夹。

扩展名的命名规则如下。

① 扩展名代表的是文件属性或文件的类型，一般与文件名之间用 "." 分隔，并用 3 个字符表示。

② 使用多个分隔符，也可以增加长度。例如，用户可以创建一个名为 "L.P.FILE98" 的文件或文件夹。

2. 文件夹

文件夹是存储文件的有组织实体。文件夹内可存放文件，也可存放其他文件夹，形成一个文件夹树。文件夹中包含的其他文件夹称为子文件夹。

二、Windows 7 文件及文件夹管理

1．新建文件/文件夹

计算机中的一部分文件是系统生成的，如 Windows 7 系统及其他应用程序中自带了许多文件或文件夹；另一部分文件或文件夹是用户根据需要建立起来的，如用画图工具画一张图画、用 Word 软件写一篇文章等。为了把文件归类放置，还可以新建一个文件夹，把同类型文件放在其中。在 Windows 7 中新建文件和文件夹的方法和在以前 Windows 版本中的方法差不多，都是在资源管理器中右键单击，然后在弹出的快捷菜单中选择相应的新建命令来创建文件和文件夹，其步骤如下。

（1）在要建立文件夹的位置右键单击，在弹出的快捷菜单中选择【新建】|【文件夹】命令，如图 3-3-1 所示。该位置即新建了一个名为"新建文件夹"的文件夹，如图 3-3-2 所示。

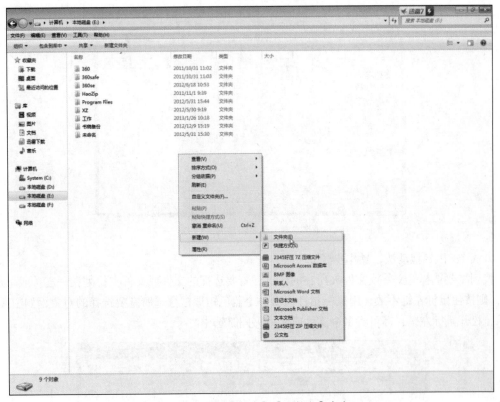

图 3-3-1　选择【新建】|【文件夹】命令

（2）当新建文件夹名为选中状态时，如图 3-3-2 所示，可直接在【文件夹名】文本框中为文件夹输入一个新的名称，输入完毕后，直接按"Enter"键完成操作，如图 3-3-3 所示。

2．选择文件或文件夹

选择单个文件或文件夹的方法很简单，即找到要选择的文件或文件夹所在的位置，单击要选择的文件或文件夹，这时被选中的文件或文件夹以浅蓝色背景显示；若要取消对文件或文件夹的选中状态，只需再次单击文件或文件夹以外的空白区域即可。

若需要同时选择多个文件或文件夹进行相同的操作，逐一选中文件或文件夹就太麻烦了。下面介绍几种较为简单的方法。

图 3-3-2　新建的文件夹

图 3-3-3　命名新建的文件夹

　　方法 1：鼠标拖动法，操作步骤如下。

　　找到需要选择的文件或文件夹所在的位置，若要选择的文件或文件夹排列在一起（或呈矩形状），则按住鼠标左键不放，用鼠标指针拖出一个蓝色矩形框框选所有要选择的对象，如图 3-3-4 所示，松开鼠标左键，即可将多个文件或文件夹同时选中。

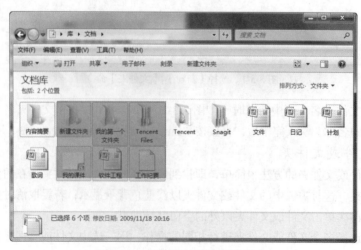

图 3-3-4　用鼠标选择文件及文件夹

方法 2：利用"Ctrl"键选择多个不连续的文件或文件夹，操作步骤如下。

找到需要选择的文件或文件夹所在的位置，按住"Ctrl"键不放，依次单击需要的文件或文件夹。选择完毕后释放"Ctrl"键，即可同时选中多个不连续的文件或文件夹（也可以选择相邻的文件或文件夹），如图 3-3-5 所示。

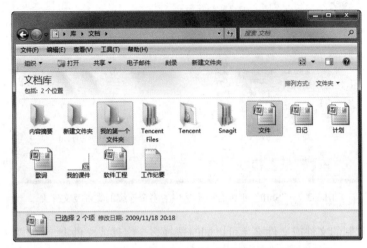

图 3-3-5　"Ctrl"键配合鼠标选择多个不连续的文件及文件夹

方法 3：利用"Shift"键选择多个连续的文件或文件夹，操作步骤如下。

找到需要选择的文件或文件夹所在的位置，单击要选中的第一个文件或文件夹，如图 3-3-6 所示。

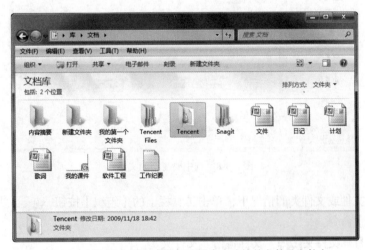

图 3-3-6　"Shift"键配合鼠标选择多个连续的文件及文件夹

按住"Shift"键不放，再单击要选择的最后一个文件或文件夹，其间的文件或文件夹将全部被选中，如图 3-3-7 所示。

方法 4：若要选择某文件夹窗口中的全部文件或文件夹，可依次选择菜单栏中的【编辑】|【全选】命令，或按"Ctrl+A"组合键。

3．复制文件或文件夹

复制文件或文件夹是指在需要的位置创建文件或文件夹的一个备份，但并不改变原来位置上的文件或文件夹的内容。复制文件或文件夹的具体操作步骤如下。

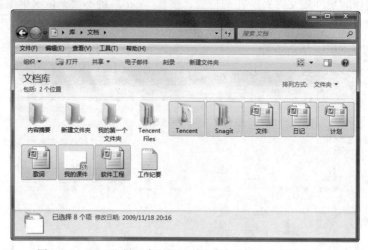

图 3-3-7　"Shift"键配合鼠标选中的多个连续的文件及文件夹

（1）选择要复制的文件或文件夹（可以同时选择多个文件或文件夹），如图 3-3-8 所示。

图 3-3-8　选中要复制的文件

（2）在选中文件或文件夹的情况下，单击工具栏上的【组织】按钮 组织▼，从弹出的下拉菜单中选择【复制】命令。

（3）进入到目标文件夹（如"文件备份"文件夹）。

（4）单击工具栏上的【组织】按钮 组织▼，从弹出的下拉菜单中选择【粘贴】命令，文件就可以被复制到目标位置，如图 3-3-9 所示。

4.　移动文件或文件夹

如果需要将某个文件或文件夹直接移动到另外一个目标文件夹中，则首先打开该文件或文件夹所在的文件夹窗口，然后再打开目标文件夹窗口，将两个窗口都置于桌面上，在第一个文件夹窗口（原位置）中选中要移动的文件或文件夹，并按住鼠标左键不放，将其拖动至第二个文件夹窗口（目标文件夹）中，松开鼠标左键，即可完成文件或文件夹的移动。

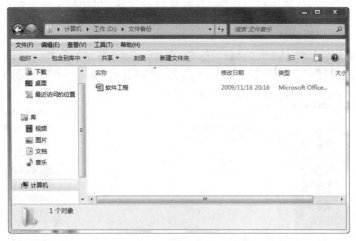

图 3-3-9　复制的文件

5．重命名文件或文件夹

找到需要重命令的文件或文件夹所在的位置，选择要重命名的文件或文件夹，单击工具栏上的【组织】按钮 组织▼ ，从弹出的下拉菜单中选择【重命名】命令，此时被选中的文件或文件夹名呈反白显示的可输入状态。在【文件名】文本框中输入新的名称，然后按下"Enter"键或在文件或文件夹名外的空白位置单击，即可完成重命名操作。

6．删除文件或文件夹

找到要删除的文件或文件夹所在的位置，选择要删除的文件或文件夹，单击工具栏上的【组织】按钮 组织▼ ，从弹出的下拉菜单中选择【删除】命令，或直接按下"Delete"键，或右键单击该文件或文件夹并且从弹出的快捷菜单中选择【删除】命令，都会出现图 3-3-10 所示的【删除文件夹】对话框，在此对话框中单击【是】按钮，就可以将文件或文件夹删除。

图 3-3-10　【删除文件夹】对话框

三、文件保护

1．文件保护

如果想对特殊文档进行保护以防止他人浏览，首先应打开该文件，然后执行【文件】|【另存为】命令，打开【另存为】对话框。单击【工具】选项右侧的下拉按钮，在弹出的下拉菜单中选择【安全措施选项】命令，如图 3-3-11 所示，打开【安全性】对话框，在【打开文件时的密码】文本框中输入打开文件时的密码，如图 3-3-12 所示。单击【确定】按钮会打开【密码确认】对话框，再次输入刚才的密码，确定后即可完成文件的密码保护。

已经加密的文件在下次打开时需要提供正确的密码，否则无法打开。

2．文件加密工具—— WinXFiles

如果在计算机上存储了一些私人信息，如朋友信件、个人资料、日记等，或在一台供多人使用的计算机上存储了一些重要资料，为了使这些信息不泄露，可使用文件加密工具——WinXFiles来加密。

图 3-3-11 【另存为】对话框中的【工具】下拉菜单

WinXFiles 可以对任何类型的文件进行加密，并且其内置了一个图形浏览器，用于对加密后的图形文件进行浏览。WinXFiles 最大的特点是能对图形文件进行加密、解密、浏览、删除等，其功能强大而实用。

（1）加密文件。WinXFiles 5.0 版本安装后，窗口如图 3-3-13 所示。

图 3-3-12 【安全性】对话框   图 3-3-13 WinXFile 5.0

在窗口的左上侧是文件路径列表框，右侧为工作区，加密及解密工作就是在这里完成的。给文件加密的操作步骤如下。

① 切换到【加密/解密】选项卡，选中【加密】单选按钮，并在左上方文件路径列表框中选择文件，如图 3-3-14 所示。

② 单击【添加】按钮，将选中的文件添加到右侧的工作区中。

③ 文件添加完毕后，单击【确定】按钮，此时会弹出图 3-3-15 所示的【加密】对话框。

④ 输入密码（密码要求 10～56 个字符），确认密码后单击【OK】按钮，软件开始加密文件。加密后的文件夹如图 3-3-16 所示。

图 3-3-14 选择加密文件

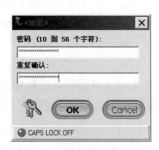

图 3-3-15 【加密】对话框

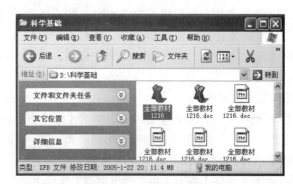

图 3-3-16 加密后的文件夹

加密重要文件时，要注意以下事项。

① 设置的密码不要使用电话号码、姓名等个人信息，建议是组合数字、字母、特殊字符等，如 12@ab，以加强保密性；另外，要牢记密码，否则将永远无法阅读已加密的文件。

② 若对图形文件（扩展名为 jpg、bmp 等）进行加密，加密后文件的扩展名变成 xfp；若对非图形文件进行加密，加密后的文件扩展名会变成 xfd，这样做大大方便了使用者的辨认和使用。

（2）解密文件。给文件解密的窗口如图 3-3-17 所示，操作步骤如下。

图 3-3-17 解密文件

① 切换到【加密/解密】选项卡，选中【解密】单选按钮。

② 在左上方的文件路径列表框中选择路径，在左下方的列表框中单击扩展名为 xfp 或 xfd 的文件。

③ 单击【添加】按钮（或者单击【全部添加】按钮）将文件添加到工作区中。

④ 单击【确定】按钮，弹出【解密】对话框，如图 3-3-18 所示。

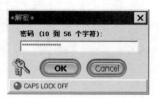

图 3-3-18 【密码】对话框

⑤ 输入密码后单击【OK】按钮开始解密，解密完成后，在文件夹中即可看到解密的文件。

（3）删除文件。选中【擦除】单选按钮，表示要对文件进行彻底删除操作，即将选中的文件不可恢复地完全删除。它不同于 DOS 下的删除文件，也不同于资源管理器的彻底删除，因为这两种删除只是将文件名的第一个字母替换掉，而被删除文件的内容还保留着，如果此时使用一些反删除工具软件，还能恢复被删除的文件；而使用了 WinXFiles 的"擦除"功能后，文件就永远不能得到恢复。其删除原理是将文件内容全部覆盖掉，使它无法再恢复。所以使用此项功能时要慎重，否则会造成重大损失。当然，这个功能也十分有用，对于一些保密性很强的文件，进行彻底删除是十分必要的。

操作步骤如下。

① 切换到【加密/解密】选项卡，单击【擦除】单选按钮，在左边文件路径列表框中选择要删除的文件。为了避免错误地删除有用的图形文件，应勾选【预览要加密的图片】复选框，这样，选择图形文件时就可以预览图形。

② 单击【添加】按钮，将文件添加到工作区中。

③ 单击【确定】按钮，按照向导进行操作，即可将文件彻底删除，如图 3-3-19 所示。

④ 浏览文件。切换到【加密/解密】选项卡，选中【放映幻灯】单选按钮，在左下方列表框中选择要浏览的图形文件，单击【添加】按钮，将文件添加到工作区中，如图 3-3-20 所示。

图 3-3-19 擦除文件

图 3-3-20 放映幻灯

单击【确定】按钮，弹出【解密】对话框。输入正确的密码，单击【确定】按钮，图形文件就被全屏显示。

该项功能还能成批对加密图形文件进行浏览，如果图形文件的密码是一样的，那么用户不用分别解密每个文件，只需输入一次密码，WinXFiles 将使用全屏把它们按顺序全部演示完毕，如果想停止浏览，只需单击屏幕或者按下键盘上的任何键即可。

在以上所有的操作中，如果系统繁忙，窗口右下角的红灯亮，绿灯灭，同时图标左边出现红色的进程条并不停地闪烁；当系统一切就绪时，窗口右下角的绿灯亮，红灯灭。

任务四 实现 Windows 7 磁盘管理

一、磁盘清理

（1）打开【磁盘清理】对话框。

（2）单击【开始】按钮，执行【程序】|【附件】|【系统工具】|【磁盘清理】命令，即可弹出【选择驱动器】对话框，在下拉列表中选择需要清理的驱动器，如（C:），如图 3-4-1 所示，单击【确定】按钮，打开如图 3-4-2 所示的【磁盘清理】对话框。

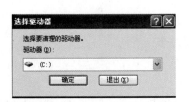

图 3-4-1　选择清理的驱动器

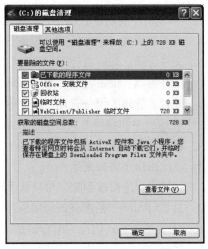

图 3-4-2　【磁盘清理】对话框

（3）单击【确定】按钮，打开【确认】对话框，单击【是】按钮即开始清理磁盘。

二、磁盘碎片整理

执行【程序】|【附件】|【系统工具】|【磁盘碎片整理】命令，即可进行磁盘碎片整理。

三、磁盘硬件管理

右键单击【计算机】，在弹出的快捷菜单中选择【管理】命令，进入【计算机管理】窗口，在左侧列表框中选中【设备管理器】选项，右侧窗格显示图 3-4-3 所示的【设备管理器】界面。

图 3-4-3 【设备管理器】界面

习题

1. 操作系统的主要功能包括（　　　）。

   A. 运算器管理、存储管理、设备管理、处理器管理

   B. 文件管理、处理器管理、设备管理、存储管理

   C. 文件管理、设备管理、系统管理、存储管理

   D. 处理器管理、设备管理、程序管理、存储管理

2. 一个应用程序的快捷方式被创建在桌面上，如果从桌面把这个快捷方式删除，则（　　　）。

   A. 该应用程序不会被删除

   B. 该应用程序将被删除

   C. 该应用程序可被删除，可以从【回收站】恢复过来

   D. 系统将询问"是否将该应用程序删除？"

3. 进行中文输入方式切换的组合键是（　　　）。

   A. "Ctrl+Space"　　　B. "Shift+Space"　　　C. "Alt+Space"　　　D. "Ctrl+Shift"

4. 在"资源管理器"中选择若干个文件后按"Ctrl+C"组合键，则这些文件将（　　　）。

   A. 被删除　　　　　　　　　　　　　　B. 被复制到当前位置

   C. 被复制到剪贴板　　　　　　　　　　D. 被隐藏

5. 在"资源管理器"中，若不小心把一个文件拖到另一个文件夹中，为了取消这一操作，应当（　　　）。

   A. 立即关机

   B. 右键单击没有图标的地方，并在快捷菜单中选择【撤销移动】命令

   C. 关闭【资源管理器】窗口，然后重新打开

   D. 右键单击文件图标，并在快捷菜单中选择【删除】命令

6. 【资源管理器】的文件列表窗格中，每个文件名旁边都有一个图标，标识文件的（　　　）。

   A. 属性　　　　　　B. 信息　　　　　　C. 类型　　　　　　D. 结构

7. 使用鼠标将文件或文件夹从一个驱动器拖曳到另一个驱动器中的文件夹中,是进行(　　　)操作。

    A. 复制　　　　　　　　B. 剪切　　　　　　　C. 删除　　　　　　　D. 重命名

8. 以下不能实现窗口间切换的是(　　　)。

    A. 单击任务栏上的窗口按钮　　　　　　　B. 直接单击目标窗口

    C. 使用"Alt+Tab"组合键　　　　　　　D. 使用"Ctrl+Esc"组合键

9. 关于对话框中的列表框,下列说法中正确的是(　　　)。

    A. 列表框内可以输入文字和符号

    B. 列表框内列出可供选择的选项

    C. 列表框内既可以输入文字也可以输入字符串

    D. 列表框内只列出用户输入的文字

10. 应用程序窗口和文档窗口的区别在于(　　　)。

    A. 有没有系统菜单　　　　　　　　　　　B. 有没有菜单栏

    C. 有没有标题栏　　　　　　　　　　　　D. 有没有最小按钮

11. 应用程序窗口被最小化后,该程序(　　　)。

    A. 在后台运行　　　　　　　　　　　　　B. 被关闭暂停运行

    C. 仅在任务栏上　　　　　　　　　　　　D. 显示程序名,以便重新启动

12. 单击窗口控制菜单图标,将(　　　)。

    A. 打开控制菜单　　　　　　　　　　　　B. 关闭窗口

    C. 使窗口最小化　　　　　　　　　　　　D. 使窗口最大化

13. 下面关于对话框的叙述中,正确的是(　　　)。

    A. 既不能移动,也不能改变大小　　　　　B. 对话框与窗口一样也有菜单栏

    C. 只能移动,但不难改变大小　　　　　　D. 对话框可以缩小成图标

14. 显示快捷菜单的操作是(　　　)。

    A. 单击鼠标右键　　　　　　　　　　　　B. 单击鼠标左键

    C. 双击鼠标右键　　　　　　　　　　　　D. 双击鼠标左键

15. 任务栏最右下角显示的是(　　　)。

    A.【开始】按钮　　　　　　　　　　　　B. 时间

    C. 输入法图标　　　　　　　　　　　　　D. 快速启动工具栏

16. 全选某个文件夹中的所有文件的组合键是(　　　)。

    A."Ctrl+X"　　　　B."Ctrl+V"　　　　C."Ctrl+A"　　　　D."Ctrl+C"

17. 借助(　　　)键可以在文件夹中选择多个不连续文件或文件夹。

    A."Shift"　　　　　B."Ctrl"　　　　　C."Enter"　　　　　D."Alt"

18. 在进行文件移动的过程中,文件剪切的组合键是(　　　)。

    A."Ctrl+X"　　　　B."Ctrl+V"　　　　C."Ctrl+A"　　　　D."Ctrl+C"

19. 在【控制面板】窗口中单击(　　　)可以进行软件的删除操作。

    A.【程序和功能】图标　　　　　　　　　B.【管理工具】图标

    C.【个性化】图标　　　　　　　　　　　D.【默认程序】图标

20. 按(　　　)组合键可以在不同的中英文输入法中切换。

    A."Ctrl+Shift"　　B."Ctrl+Alt"　　　C."Ctrl+Space"　　　D."Shift+ Space"

单元4

Word 2010 文字处理

任务一　多媒体制作大赛通知——格式设置与排版

　　小张最近接受了一项新任务，为多媒体课件制作大赛出一个通知。要求主题突出，布局美观，图文并茂，别具一格。通知格式如图 4-1-1 所示。海报是一种大众化的传媒工具，用来完成一定的宣传任务。海报设计要求一目了然、简洁明确、突出重点，使人在一定距离外能看清楚所要宣传的事物。在用 Word 制作海报时应多插入艺术字和图片，字体也要做相应的变动，并且颜色要鲜艳，达到图文并茂的效果。关键项目用项目符号或编号等醒目标记进行设置。

图 4-1-1　多媒体制作大赛海报通知

任务实现方法如下。

1. 插入艺术字

启动 Word 一般有如下两种方法。

方法 1：选择【开始】|【程序】|【Microsoft Word 2010】命令。

方法 2：双击桌面上的 Word 快捷方式图标。

（1）新建一个空白文档，单击【文件】|【新建】命令，或者单击快速访问工具栏中的"🗋"按钮，新建一个名为"文档 1"的空白文档（启动 Word 后，默认新建一个名为"文档 1"的空白文档，这步可以省略）。

（2）单击【插入】选项卡，在【文本】功能区中单击【艺术字】按钮，弹出艺术字下拉列表框，如图 4-1-2 所示。选中第 3 行第 5 列的艺术字样式，然后单击【确定】按钮。

（3）弹出放置文字的文本框，在文本框中输入文字"多媒体课件制作大赛通知"，这时"多媒体课件制作大赛通知"艺术字将出现在文档中，如图 4-1-3 所示。

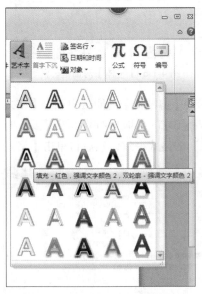

图 4-1-2　【艺术字库】下拉列表框

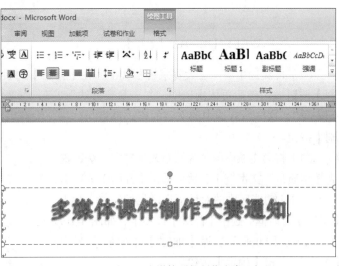

图 4-1-3　输入"多媒体课件制作大赛通知"

2. 设置艺术字格式

为了使插入的艺术字与文档更协调、字体更美观，下面进行艺术字格式的设置。

（1）选中艺术字，切换到【绘图工具格式】选项卡，在【艺术字样式】功能区中单击【文本填充】按钮，将颜色设置为【红色】，如图 4-1-4 所示。

（2）在【绘图工具格式】选项卡中，单击【排列】功能区中的【位置】按钮，弹出【位置】下拉列表框，选择【其他布局选项】命令，弹出【布局】对话框，在【文字环绕】选项卡中选择【四周型】选项，单击【确定】按钮，如图 4-1-5 所示。

3. 设置文字及段落

（1）按照样文把文字输入到文档中，先选中"一、大赛宗旨"文字，在【开始】选项卡的【字体】功能区中单击对话框启动器按钮，

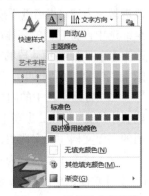

图 4-1-4　设置艺术字颜色

63

弹出【字体】对话框，如图 4-1-6 所示。在【字体】选项卡中，将【中文字体】改为【华文行楷】，【字号】改为【三号】，其他选项不变，单击【确定】按钮。

图 4-1-5 【文字环绕】选项卡

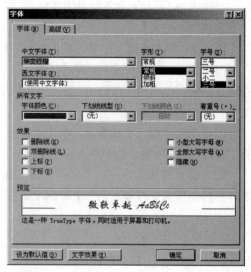

图 4-1-6 【字体】对话框

（2）再次选中"一、大赛宗旨"文字，在【开始】选项卡的【剪贴板】功能区中双击【格式刷】按钮 ，然后再依次选中"二、参赛方法""三、参赛作品要求""四、评审标准""五、时间安排"，这样所有选中的文字的格式都将与"一、大赛宗旨"的格式一致，然后再单击【格式刷】按钮。

（3）将第 1 段中的"为不断改进教学方法，提高教学质量"文字选中，然后单击【开始】选项卡的【字体】功能区中的对话框启动器按钮 ，弹出【字体】对话框。选中【高级】选项卡，如图 4-1-7 所示，将【间距】改为【加宽】，【磅值】改为【2 磅】，单击【确定】按钮。

（4）将最后一段的日期选中，在【开始】选项卡的【字体】功能区中将字体改为【楷体】，字号改为【小四】，如图 4-1-8 所示。将第 1 段"不断改进教学方法，提高教学质量"文字外的所有文字全部选中，将它们的字体改为【华文楷体】，字号改为【小四】，将第 4 段的文字选中，字体改为【仿宋】，字号改为【小四】，字形为【加粗】。

（5）将第 1 段中的内容选中，单击【字体】功

图 4-1-7 【字体】对话框

能区中的 按钮，出现【颜色】下拉列表框。如图 4-1-9 所示，选中红色，再将第 2 段中的"说明的书面文档"文字选中，同时修改其为红色。

（6）将第 1 段的"为不断改进教学方法，提高教学质量"文字和最后一段的日期选中。单击【字体】功能区中的 按钮，在弹出的【下划线】下拉列表框中选择【波浪线】选项，如图 4-1-10 所示。

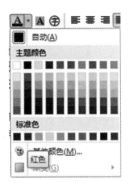

图 4-1-8　【字体】功能区　　　　图 4-1-9　【颜色】下拉列表框　图 4-1-10　【下划线】下拉列表框

（7）先将所有文字全部选中（使用"Ctrl+A"组合键），单击【开始】选项卡的【段落】功能区中的对话框启动器按钮，打开【段落】对话框，如图 4-1-11 所示。将【行距】改为【1.5 倍行距】，单击【确定】按钮。

（8）将第 2 段中的内容都选中，单击【页面布局】选项卡的【页面设置】功能区中的【分栏】按钮，打开【分栏】下拉列表框，选择【更多分栏】命令，打开【分栏】对话框，如图 4-1-12 所示。在【预设】选项组中选中【两栏】，勾选【分隔线】复选项，单击【确定】按钮。

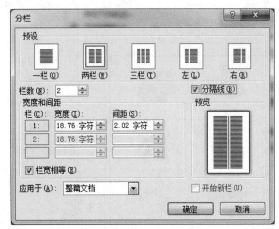

图 4-1-11　【段落】对话框　　　　　　　　图 4-1-12　【分栏】对话框

（9）将第 2 段的第一个字选中(或选中第二段，或将光标置于第二段中)，然后单击【插入】选项卡的【文本】功能区中的【首字下沉】按钮，打开【首字下沉】下拉列表框，选择【首字下沉选项】命令，出现【首字下沉】对话框，如图 4-1-13 所示。【位置】选择【下沉】，【字体】选择【华文彩云】，【下沉行数】选择 2，单击【确定】按钮。

（10）将第 4 段的内容选中，单击【开始】选项卡的【段落】中的【项目符号】右边的"▼"按钮，弹出【项目符号】下拉列表框，如图 4-1-14 所示。切换到【项目符号库】选项卡，选择四角星样式，也可以选择【定义新项目符号】，自己选择项目符号的类型。

图 4-1-13 【首字下沉】对话框

图 4-1-14 【项目符号】下拉列表框

4. 插入图片

插入图片和
剪贴画

（1）插入图片。单击【插入】选项卡的【插图】功能区中的【剪贴画】按钮，弹出【剪贴画】任务窗格，单击【搜索】按钮，如图 4-1-15 所示。选择想要插入的图片单击即可，或者将鼠标指标移到图片上，单击图片右侧出现的"▼"按钮，在弹出的下拉菜单中选择【插入】命令。

（2）选中剪贴画，在【图片工具格式】选项卡中单击【位置】功能区的【其他布局选项】命令，弹出【布局】对话框，如图 4-1-16 所示，选择【四周型】选项，单击【确定】按钮。

图 4-1-15 【剪贴画】任务窗格

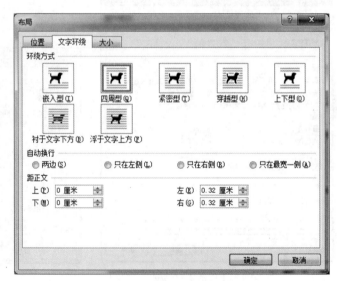

图 4-1-16 【布局】对话框

（3）用以上的方法插入 3 幅图片，将 3 幅图片放在适当的位置，然后保存文档。

一、认识 Word 2010

Word 2010 是微软（Microsoft）公司出品的 Office 2010 系列办公软件中的重要组件之一，是一款专业的文档编辑软件，使用它可以编辑和制作各种类型的文档，其主要功能如下。

（1）文件管理功能：包括文件的新建、打开、保存、打印、打印预览、删除等操作。

（2）编辑功能：包括输入、移动、复制、删除、查找和替换、撤销和恢复等操作。

（3）排版功能：包括页面格式、字符外观、段落格式、页眉和页脚、页码和分页等。

（4）表格处理功能：包括表格的创建、编辑、格式设置、转换、生成图表等操作。

（5）图形处理功能：包括图形的插入、处理、设置、绘制等操作。

（6）Web 主页制作功能等。

Word 2010 窗口界面：由标题栏、选项卡、功能区、状态栏、文档编辑区等组成。

1. 启动 Word 2010

启动 Word 2010 的方法有两种。

（1）通过【开始】菜单启动。

① 安装好的 Word 2010 软件一般会在【所有程序】菜单中，启动的方法如下。

单击【开始】按钮，在弹出的【开始】菜单中依次选择【所有程序】|【Microsoft Office】|【Microsoft Word 2010】命令。

② 开始启动 Word 2010，同时自动创建一个名为"文档 1"的空白文档作为打开后的 Word 2010 窗口。

（2）通过桌面快捷图标启动。

依次选择【开始】|【所有程序】|【Microsoft Office】命令，在 Microsoft Word 2010 命令上右键单击，在弹出的快捷菜单中依次选择【发送到】|【桌面快捷方式】命令。这时，桌面上就会出现 Word 2010 的快捷图标，双击该快捷方式图标来启动 Word 2010。

2. 退出 Word 2010

退出 Word 2010 程序的方法有很多，下面介绍几种比较简单易行的方法。

（1）单击【关闭】按钮。如果要关闭当前的文档，可以直接单击标题栏右侧的【关闭】按钮 ▨ 。

（2）使用【文件】选项卡中的按钮退出程序。在对文档处理完成后，单击【文件】选项卡中的【关闭】按钮，即可退出程序。

注意

如果对文档进行了处理又没有保存，在关闭文档时屏幕上会出现图 4-1-17 所示的提示对话框。可根据需要选择相应的选项。

图 4-1-17 提示对话框

（3）标题栏处关闭。在 Word 文档窗口的标题栏上右键单击，从弹出的快捷菜单中选择【关闭】命令或者双击快速访问工具栏左边的 Word 图标按钮 ▨ ，也可退出程序，将文档关闭。

（4）快捷键关闭。按下"Alt + F4"快捷键可以关闭 Word 文档。

注意

如果同时打开了多个 Word 文档，就会出现多个 Word 窗口，此时若单击某个 Word 文档窗口上的【关闭】按钮 ▨ ，只能关闭该文档而不会退出 Word 2010。若希望退出 Word 2010，就必须切换到【文件】选项卡，单击【退出】按钮或者双击 Word 图标按钮 ▨ 。

3. Word 2010 工作界面

Word 2010 具有非常人性化的操作界面，使用起来很方便。启动 Word 2010 后出现的是它的标准界面，如图 4-1-18 所示。

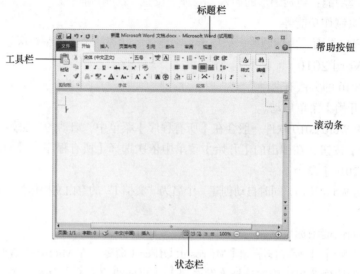

图 4-1-18　Word 2010 的标准界面

下面简单介绍 Word 文档窗口中各组成部分及其功能。

（1）标题栏。标题栏位于窗口的顶端，用于显示当前正在运行的程序名及文件名等信息。标题栏的左端有快速访问工具栏及 Word 图标，标题栏的右端有 3 个按钮，分别用来最小化窗口、最大化或还原窗口和关闭应用程序。

标题栏主要有 4 个作用。

① 显示文档的名称和程序名。

② 最右侧的控制按钮分别是窗口的【最小化】按钮、【还原】按钮或【最大化】按钮和【关闭】按钮。拖动标题栏就可以移动整个窗口。

③ 标题栏的左侧为快速访问工具栏，只要在图标上单击就可以实现相应的操作。单击快速访问工具栏旁边的图标，在其下拉菜单中选择任一命令就可以将该命令设置为快速工具按钮，其图标出现在快速访问工具栏中。

④ 可以让用户清楚地知道该窗口的状态，如果标题栏是灰色的，则表明该窗口是活动窗口，如果标题栏是白色的则该窗口不是活动窗口。

（2）工具栏。在 Word 2010 中，取消了传统的菜单操作方式，而代之以工具栏。工具栏有选项卡、功能区及命令 3 个基本组件。

选项卡：在顶部有若干个基本选项标签，每个选项标签代表一个活动区域。

功能区：每个选项卡都包含若干个功能区，这些功能区将相关项组合在一起。

命令：命令是指按钮，用于打开信息框或菜单。

在默认状态下，功能区主要包含【开始】【插入】【页面布局】【引用】【邮件】【审阅】和【视图】等基本选项卡。每个选项卡中有多个功能区，如【开始】选项卡中包含【剪贴板】【字体】【段落】【样式】【编辑】等多个功能区。【开始】选项卡包含最常用的命令，如【字体】组中的命令【字体】【字号】【加粗】【倾斜】等。

选项卡功能如下所述。

①【开始】选项卡。【开始】选项卡中包括【剪贴板】【字体】【段落】【样式】【编辑】5 个功能区，对应 Word 2003 的【编辑】和【段落】菜单部分命令。该功能区主要用于帮助用户对 Word 2010 文档进行文字编辑和格式设置，是用户最常用的选项卡，如图 4-1-19 所示。

图 4-1-19 【开始】选项卡

②【插入】选项卡。【插入】选项卡包括【页】【表格】【插图】【链接】【页眉和页脚】【文本】【符号】7 个功能区，对应 Word 2003 中【插入】菜单的部分命令，主要用于在 Word 2010 文档中插入各种元素，如图 4-1-20 所示。

图 4-1-20 【插入】选项卡

③【页面布局】选项卡。【页面布局】选项卡包括【主题】【页面设置】【稿纸】【页面背景】【段落】【排列】6 个功能区，对应 Word 2003 的【页面设置】菜单和【段落】菜单中的部分命令，用于帮助用户设置 Word 2010 文档页面样式，如图 4-1-21 所示。

图 4-1-21 【页面布局】选项卡

④【引用】选项卡。【引用】选项卡包括【目录】【脚注】【引文与书目】【题注】【索引】【引文目录】6 个功能区，用于实现在 Word 2010 文档中插入目录等比较高级的功能，如图 4-1-22 所示。

图 4-1-22 【引用】选项卡

⑤【邮件】选项卡。【邮件】选项卡包括【创建】【开始邮件合并】【编写和插入域】【预览结果】【完成】5 个功能区，该选项卡的作用比较专一，专门用于在 Word 2010 文档中进行邮件合并方面的操作，如图 4-1-23 所示。

图 4-1-23 【邮件】选项卡

⑥【审阅】选项卡。【审阅】选项卡包括【校对】【语言】【中文简繁转换】【批注】【修订】【更改】【比较】【保护】8 个功能区，主要用于对 Word 2010 文档进行校对和修订等操作，适用于多人协作处理 Word 2010 长文档，如图 4-1-24 所示。

图 4-1-24 【审阅】选项卡

⑦【视图】选项卡。【视图】选项卡包括【文档视图】【显示】【显示比例】【窗口】【宏】5 个功能区，主要用于帮助用户设置 Word 2010 操作窗口的视图类型，以方便操作，如图 4-1-25 所示。

图 4-1-25 【视图】选项卡

⑧【加载项】选项卡。【加载项】选项卡包括【菜单命令】一个功能区，加载项是可以为 Word 2010 安装的附加属性，如自定义的工具栏或其他扩展命令。【加载项】选项卡则可以在 Word 2010 中添加或删除加载项，如图 4-1-26 所示。

图 4-1-26 【加载项】选项卡

⑨ 额外功能区。当在文档中插入一个图片时，会出现一个额外的【图片工具格式】选项卡，其中显示用于处理图片的几组命令。额外选项卡只有在需要时才会出现。例如，要对刚刚插入的图片做进一步的处理，怎么找到所需命令呢？步骤如下。

① 选择文档中已经插入的图片。

②【图片工具格式】选项卡出现。

③ 此时会显示用于处理图片的功能区和命令，如图 4-1-27 所示。

④ 在图片外单击，【图片工具格式】选项卡将消失，其他选项卡将重新出现。

图 4-1-27　【图片工具格式】选项卡

对话框启动器。在功能区右下角有一个小对角箭头 ，称为对话框启动器。如果单击该箭头，用户会看到与该功能区相关的更多选项，通常以 Word 早期版本中的对话框形式出现。

浮动工具栏。浮动工具栏是指当文档中的文字处于选中状态时，如果用户将鼠标指针移到被选中文字的右侧，将会出现一个半透明的浮动工具栏。该工具栏中包含常用的设置文字格式的命令，如设置字体、字号、颜色、居中对齐等命令。将鼠标指针移动到浮动工具栏上将使这些命令完全显示，进而可以方便地设置文字格式。

如果不需要在文档窗口中显示浮动工具栏，可以在【Word 选项】对话框中将其关闭，操作步骤如下：打开 Word 文档窗口，依次单击【文件】|【选项】命令；在打开的【Word 选项】对话框中，取消勾选【常规】选项卡中的【选择时显示浮动工具栏】复选框，并单击【确定】按钮即可。

（3）状态栏。状态栏位于 Word 窗口的底部，用于显示当前窗口的状态，如当前页及总页数、字数、光标插入点位置、改写/插入状态、当前使用的语言、显示比例，以及页面视图、阅读版式视图、Web 版式视图、大纲视图、草稿视图 5 个视图按钮。

（4）帮助按钮。单击【帮助】按钮 ，可以打开【Word 帮助】窗口，其中列出了帮助的文档，如图 4-1-28 所示。可以在【搜索】文本框中输入要搜索的内容，然后单击【搜索】按钮，搜索 Word 2010 帮助文档。

4.　Word 2010 中的视图方式

Word 2010 提供了多种在屏幕上显示 Word 文档的方式，每一种显示方式都称为一种视图。Word 2010 提供了 5 种视图，具体介绍如下。

（1）页面视图。在【视图】选项卡的【显示】功能区中勾选【导航窗格】复选框，就会在普通视图的左侧出现一个显示文档结构的窗格，在该窗格中单击某个标题就可在右侧窗格中显示相应的内容。"页面视图"+【导航窗格】特别适合编写较长的文档。

（2）阅读版式视图。阅读版式视图是进行了优化的视图，其模拟纸质书籍阅读模式，增强了文档的可读性。

图 4-1-28　【Word 帮助】窗口

（3）Web 版式视图。在 Web 版式视图中，Word 对网页进行了优化，可看到在网站上发布时网页的外观。正文显示得更大且段落自动换行以适应窗口。

（4）大纲视图。大纲视图中包括【大纲】工具栏，可以方便地查看和修改文档的结构，还可以折叠或展开文档、上移或下移文本块等。

（5）草稿视图。在草稿视图下不能显示绘制的图形、页眉、页脚、分栏等效果，所以一般利用草稿视图进行最基本的文字处理，工作速度较快。

二、文字段落设置

文字段落设置包括字符格式、段落字符格式、边框和底纹等内容。

1. 设置字符格式

通过设置文档中文字的格式，可以使文档更加美观。

（1）文字的字体格式。录入完文字后，可以对某些文字进行字体格式设置，如标题字体、字号、字形等，其操作方法如下。

① 选择要设置格式的文字。

② 切换到【开始】选项卡，在【字体】功能区中可以看到【字体】【字号】等设置按钮。

③ 单击【字号】按钮旁的箭头按钮，在下拉菜单中选择字体大小。

④ 单击【字体】按钮旁的箭头按钮，在下拉菜单中选择字体类型。

⑤ 依次单击【加粗】按钮 **B** 、【倾斜】按钮 *I* ，对文本进行加粗、倾斜设置。

小提示

在对字体进行设置时，也可以在选中的文字上右键单击，在弹出的快捷菜单中选择【字体】命令，然后在弹出的【字体】对话框中对文字的字体、字号、字形、字符间距及文字效果等进行设置，如图 4-1-29 所示。

图 4-1-29 【字体】对话框

（2）设置字符间距。设置文字的字体、字号和字形后，如果标题文字字符间距过小，可以对标题文字的字符间距进行调整，同时还可以为标题添加一些文字效果使之更醒目，其操作步骤如下。

① 选择要设置格式的文字。

② 在【开始】选项卡中单击【字体】对话框启动器，如图 4-1-30 所示。

③ 在弹出的【字体】对话框中，切换到【高级】选项卡，在【间距】下拉中选择【加宽】选项，在右侧的【磅值】微调框中选择【8磅】选项，如图 4-1-31 所示。

图 4-1-31　【字符间距】选项卡

图 4-1-30　单击【字体】对话框启动器

2. 段落字符格式

（1）段落缩进。段落缩进包括 4 种方式：左缩进、右缩进、首行缩进和悬挂缩进，如图 4-1-32 所示。

图 4-1-32　段落缩进方式

● 左缩进：设置段落与左页边距线之间的距离。左缩进时，首行缩进标记和悬挂缩进标记会同时移动。左缩进可以设置整个段落左侧的起始位置。

● 右缩进：拖动该标记，可以设置段落右侧的缩进位置。

● 首行缩进：可以设置段落首行第一个字的位置，在中文段落中一般采用这种缩进方式，默认缩进两个字符。

● 悬挂缩进：可以设置段落中除第一行外其他行左侧的开始位置。

设置段落缩进的方法有以下两种。

① 利用水平标尺进行段落缩进的设置：水平标尺上有多种标记，通过调整标记的位置可以设置光标所在段落的各种缩进，在设置的同时按住键盘上的"Alt"键不放，可以更精确地在水平标尺上设置段落缩进。

② 利用【段落】对话框进行段落缩进的设置：选中要设置缩进的段落，在【开始】选项卡的【段落】功能区中单击对话框启动器 按钮，弹出【段落】对话框，切换到【缩进和间距】选项卡，在【特殊格式】下拉列表中选择【首行缩进】选项，单击【确定】按钮即可。

小提示　还可以通过单击【减少缩进量】按钮 和【增加缩进量】按钮 来实现段落的缩进。

（2）段间距和行距。行距就是行与行之间的距离，而段间距是段落与段落之间的距离。行距的系统默认值是1.0，如果觉得这个距离太小，可以对行距进行调整。

选中文档，单击【开始】选项卡中的【行和段落间距】按钮，根据需要，在其下拉菜单中单击具体的行距数值即可。还可以通过【增加段前间距】和【增加段后间距】两个命令对段间距进行设置。如果没有合适的行距，可以选择【行距选项】命令，打开【段落】对话框，对段间距进行更精确的设置。如在【段前】微调框中输入"3行"，在【行距】下拉列表框中选择【多倍行距】选项，如图4-1-33所示，设置完成后单击【确定】按钮。

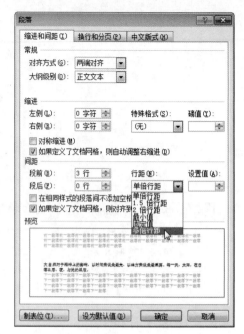

图4-1-33 【段落】对话框

（3）设置段落的对齐方式。段落有5种对齐方式。

- 左对齐：将文本向左对齐。
- 居中对齐：将所选段落的各行文字居中对齐。
- 右对齐：将文本向右对齐。
- 两端对齐：调整文字的水平间距，使其均匀分布在左、右页边距线之间。两端对齐使两侧文字具有整齐的边缘。
- 分散对齐：将所选段落的各行文字均匀分布在该段左、右页边距线之间。

图4-1-34 对齐按钮

可以在【段落】对话框中的【对齐方式】下拉列表框中设置段落的对齐方式，也可以利用工具栏中的对齐按钮来设置，如图4-1-34所示，无按钮被选中时表示左对齐。

小提示　如果只设置一个段落格式，只要将光标定位在该段落中即可；如果要设置多个段落，则可先选择各段落再进行设置。

3. 边框和底纹

在Word中可以为选中的文本、段落或整个页面设置边框和底纹，以突出显示某个部分。

（1）添加边框。

① 选择要添加边框的段落，在【开始】选项卡的【段落】功能区中单击【边框和底纹】按钮，弹出【边框和底纹】对话框。

② 切换到【边框】选项卡，在【设置】功能区中选择要应用的边框类型，如【方框】；在【样式】下拉列表框中选择边框线的样式，接着在【颜色】下拉列表框中选择边框线的颜色，在【宽度】下拉列表框中选择边框线的粗细；最后在【应用于】下拉列表框中选择应用边框的范围，并单击【确定】按钮，添加边框后的效果如图4-1-35所示。

（2）添加底纹。添加底纹的方法与添加边框的方法基本一致，都是先选中对象，然后在【边框和底纹】对话框中进行设置。

选中要添加底纹的段落，单击【边框和底纹】按钮，弹出【边框和底纹】对话框。切换到【底纹】选项卡，可以在其中进行底纹的设置。设置完成之后，单击【确定】按钮，其效果如图 4-1-36 所示。

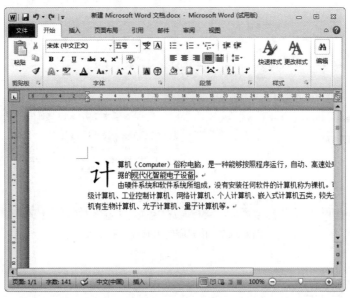

图 4-1-35　添加边框

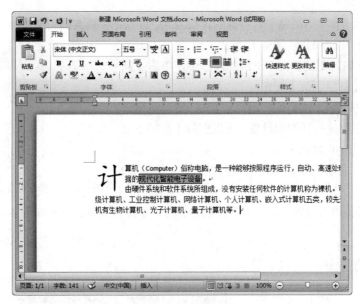

图 4-1-36　添加底纹

4．格式刷

格式刷是快速编辑文字的好助手，当需要设置的格式和已有的格式相同时，不必再重复进行格式设置，直接用格式刷刷一下就可以。

使用格式刷的操作过程为：选中已设置好格式的文本，单击【格式刷】按钮，将鼠标指针移到编辑区，这时鼠标指针变成了刷子形状，即【格式刷】按钮上的图标形状。拖动鼠标刷过要设置格式的文本，其效果如图 4-1-37 所示。

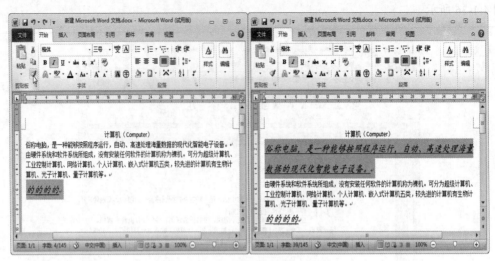

图 4-1-37　格式刷使用前后效果对比

三、拓展与技巧

1. 页面布局

（1）首字下沉。首字下沉是一种特殊的排版方式，就是把一篇文档正文的第一个字放大数倍，从而起到醒目的作用，操作步骤如下。

① 将光标移到需要设置首字下沉的段落中，单击【插入】选项卡中的【首字下沉】按钮。

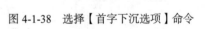

② 在其下拉列表框中有 3 种预设的方案，可以根据需要选择使用，如果要进行详细的设置，可以选择【首字下沉选项】命令，如图 4-1-38 所示。

③ 在弹出的【首字下沉】对话框中进行设置，如图 4-1-39 所示。

图 4-1-38　选择【首字下沉选项】命令

④ 如在简报文档中设置下沉，下沉行数为 3 行，字体为楷体，效果如图 4-1-40 所示。

图 4-1-39　【首字下沉】对话框

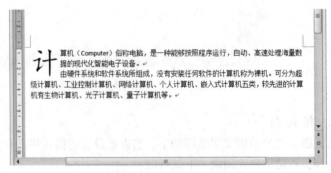

图 4-1-40　首字下沉的效果

（2）分栏。为了美化版面，人们往往会将页面分成两栏或多栏。

① 分栏宽相等的栏。如果分栏后每栏的宽度都不一样，将会影响文档的美观且会给阅读带

来极大的不便。设置宽度相等分栏的具体操作步骤如下。

　　a. 在文档中选中要分栏的文本。切换到【页面布局】选项卡，在【页面设置】功能区中单击【分栏】按钮 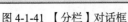。

　　b. 在下拉列表框中选择预置的分栏样式，如果选择【更多分栏】命令，则会弹出【分栏】对话框，如图 4-1-41 所示。

　　c. 对简报进行如下设置：分为两栏，栏宽相等，应用于所选文字，不设置分隔线，单击【确定】按钮，其效果如图 4-1-42 所示。

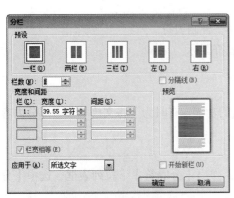

图 4-1-41　【分栏】对话框

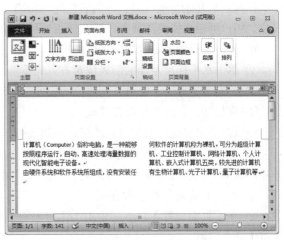

图 4-1-42　分栏效果

　　② 设置通栏标题。对简报的正文设置分栏后，我们还可以将其标题设置为跨越多栏的通栏标题，这样看起来比较舒适、美观。

　　a. 如果文本要设置成通栏标题，则选中标题文字，单击【分栏】按钮 ，在下拉列表框中选择【一栏】选项。

　　b. 将标题的对齐方式设置为居中对齐，通栏标题的设置效果如图 4-1-43 所示。

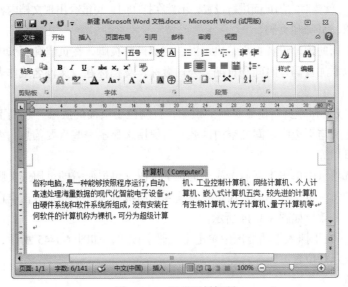

图 4-1-43　设置通栏标题

（3）项目符号和段落编号。对已键入的段落添加编号或项目符号。

① 选定要添加段落编号或项目符号的段落。

② 单击【段落】功能区中的【项目符号】按钮。

③ 选择所需要的符号，或自定义符号。

④ 单击【段落】功能区中的【编号】按钮，选择所需要的编号或自定义编号。

⑤ 单击【确定】按钮。

（4）制表位的设定。按"Tab"键后，插入点移动到的位置称为制表位。Word中，默认制表位从标尺左端开始自动设置，各制表位间的距离是 0.75 厘米。另外，Word 提供了 5 种不同的制表位，用户可根据需要选择并设置。使用标尺设置制表位的方法如下。

① 将插入点置于要设置制表位的段落。

② 单击水平标尺左端的制表位对齐方式按钮，选择一种制表符。

③ 单击水平标尺上要设置制表位的位置，出现制表符图标。

④ 重复②、③两步至设置完成。

可以拖动水平标尺上制表符图标调整制表位。

（5）插入分页符。对于长文档，Word 具有自动分页的功能。有时为了将文档的某一部分内容单独形成一页，也可采取人工方式对文档进行强制分页。

① 选择【页面布局】选项卡。

② 在【页面设置】功能区中单击【分隔符】按钮，弹出【分隔符】下拉列表框，选中【分页符】命令即可。

在页面视图下，人工分页符不显示，只是从插入点处另起一页，这时可以删除人工分页符，使页面合并。但以虚线显示的自动分页符是不可删除的。在草稿和大纲视图下，人工分页符空一行；在 Web 版式视图下，人工分页符空两行。

2. 页面设置与打印

这里主要介绍页面设置，包括添加页眉、页脚和页码，设置页边距等内容。创建好一篇文档后，如果要把它打印出来，就要对它的页面进行设置，不然在打印时，可能会出现文档内容打印不全等问题。

（1）添加页眉、页脚和页码。

可以在每个页面的顶部设置页眉，也可以在底部设置页脚，在页眉和页脚中可以插入文本或图形。例如，可以添加页码、时间和日期、公司徽标、文档标题、文件名或作者名等，这样可以使文档更加丰富。

① 添加页眉或页脚。页眉位于页面的顶端，页脚位于页面的底端，它们不占用正文的显示位置，而显示在正文与页边缘之间的空白区域。一般用来显示一些重要信息，如文章标题、作者名、公司名称、日期等。

在【插入】选项卡中单击【页眉】或【页脚】按钮，单击所需的页眉或页脚样式，页眉或页脚即被插入文档的每一页中。例如，在页眉中输入"简报范文"字样，双击空白处即退出页眉和页脚的编辑状态，其效果如图 4-1-44 所示。

② 添加页码。在【插入】功能区中单击【页码】按钮，如图 4-1-45 所示，然后根据需要选择页码在文档中显示的位置。

（2）页面设置。

① 页边距设置。页边距就是页面上打印区域之外的空白空间。如果页边距设置得太窄，打

印机将无法打印纸张边缘的文档内容，导致打印不全。所以，在打印文档前应先设置文档的页面。

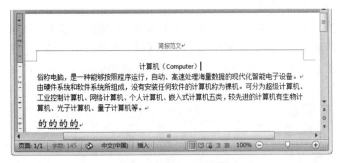

图 4-1-44　添加页眉页脚

图 4-1-45　添加页码

在【页面布局】选项卡中单击【页边距】按钮，在其下拉菜单中有 6 个页边距选项。可以使用这些预定好的页边距，也可以通过【自定义边距】命令设置页边距。如果选择【自定义边距】命令，则会弹出【页面设置】对话框，切换到【页边距】选项卡，可以在【页边距】功能区中的【上】【下】【左】【右】文本框中输入数值，如图 4-1-46 所示。

② 纸张设置。下面设置稿件打印纸张的大小。

a. 在【页面布局】功能区中单击【纸张大小】按钮，在其下拉列表框中包括一些预定好的选项，可以根据需要选择使用；也可以通过【其他页面大小】命令进行设置，如图 4-1-47 所示。

b. 选择【其他页面大小】命令，打开【页面设置】对话框，切换到【纸张】选项卡。

c. 在【纸张大小】功能区中，选择【自定义大小】选项，在【高】【宽】文本框中输入数值。

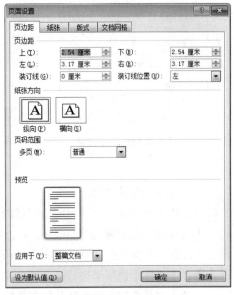

图 4-1-46　【页面设置】对话框

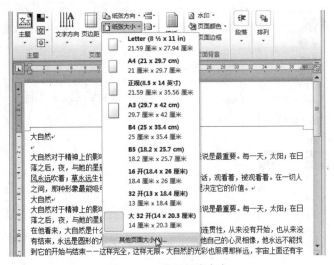

图 4-1-47　设置纸张大小

③ 文档网格的设置。网格对我们来说并不陌生，如我们所使用的信纸、笔记本、作业本上都有网格。在 Word 文档中也一样可以设置网格。

打开【页面设置】对话框，切换到【文档网格】选项卡；在【网格】功能区中选中【指定行和字符网格】单选按钮，再单击【绘图网格】按钮。在弹出的【绘图网格】对话框中，勾选【在屏幕上显示网格线】复选框，如图 4-1-48（a）所示；单击【确定】按钮，其效果如图 4-1-48（b）所示。

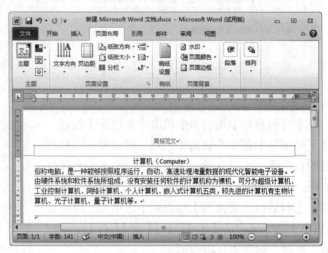

（a）【绘制网格】对话框　　　　　　　　　　（b）文档网格效果

图 4-1-48　设置文档网格

（3）打印和保护文档。

在文档编辑和页面设置完成后就可以进行打印了。打印之前可先预览打印效果。

① 打印预览。打印预览视图是一个独立的视图窗口，与页面视图相比，其可以更真实地表现文档外观。而且在打印预览视图中，可任意缩放页面的显示比例，也可以同时显示多个页面。

通过【文件】选项卡进行打印预览是最常用的方法，操作步骤如下。

a. 在【文件】选项卡中单击【打印】按钮，最右侧窗格直接显示打印预览效果图，如图 4-1-49所示。

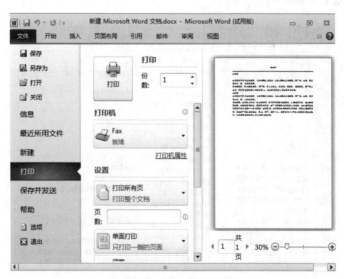

图 4-1-49　打印预览效果图

b. 如果对预览效果满意，单击【打印】按钮即可。

小提示　如果对预览效果不满意，还可以单击【页面设置】对话框启动器，打开【页面设置】对话框重新进行设置。

② 打印文档。对打印预览效果满意之后，就可以进行打印了。如果只需要打印部分文档或采取其他的打印方式等，就要对打印属性进行设置。例如，只打印稿件的第一页可以进行如下设置。

a. 在【文件】选项卡中单击【打印】按钮，右侧弹出【打印】面板。

b. 在【打印机】下拉列表框中选择打印机，然后在【设置】功能区中选择要打印的文档范围。

c. 单击【页面设置】链接，弹出【页面设置】对话框，可以对页面的布局和纸张进行设置，如图 4-1-50 所示。

d. 设置完成后，单击【确定】按钮即可。

③ 保护文档。

方法 1：使用【另存为】对话框。

a. 单击【文件】选项卡中的【另存为】按钮，打开【另存为】对话框。

b. 在【另存为】对话框的【工具】下拉菜单中选择【常规选项】命令，打开【常规选项】对话框，在"打开文件时的密码"文本框中输入设定的密码。

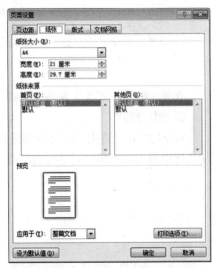

图 4-1-50　【页面设置】对话框

c. 单击【确定】按钮，会弹出【确认密码】对话框，用户再次键入所设置的密码并单击【确定】按钮，返回【另存为】对话框，单击【保存】按钮即可。

d. 若要设置修改权限密码，则在【常规选项】对话框的"修改文件时的密码"文本框中设定相应密码即可。

方法 2：使用【保护文档】按钮。

a. 单击【文件】选项卡的【信息】按钮，在右侧的面板中单击【保护文档】按钮，在弹出的下拉菜单中选择【用密码进行加密】命令。

b. 键入所设置的密码，单击【确定】按钮即可。

3. 创建样式和模板

"样式"就是一组字符格式和段落格式的组合体，使用样式的目的是为了提高排版的效率。用户可以先为某些段落设计字符和段落格式，包括为其设定一定的项目符号、编号或多级符号格式，然后将它们存储为一个样式，并为该样式起名为"样式名"。这样，当用户在以后的排版工作中希望将某些段落设置为相同的样式时，就可以直接通过该"样式名"来调出此前所存储的样式，并将其作用在新的段落上，而无须再为新的段落一一设定字符和段落格式，从而大大提高了排版效率。

"模板"则可以简单地认为是存储各种样式的"仓库"，如果希望一个样式能够被长期反复使用，就必须把它存储在某个"模板"中。Word 2010 提供了 100 多种内置样式，如标题样式、正文样式、页眉页脚样式等。

（1）样式。

① 应用样式。

显示样式库的方法，如图4-1-51所示。

图 4-1-51　选定样式

在弹出的【样式库】窗格中选择所需样式，如图4-1-52所示。

② 创建样式。

Word 2010允许用户创建新的样式，创建样式的操作方法如下。在【开始】选项卡的【样式】功能区中单击右下角的对话框启动器按钮，弹出【样式】窗格，如图4-1-53所示。

图 4-1-52　【样式库】窗格

图 4-1-53　【样式】窗格

然后，单击【样式】窗格左下角的【新建样式】按钮，弹出【根据格式设置创建新样式】对话框，如图4-1-54所示。在【名称】文本框中输入新建样式的名称，根据需要对文字和段落等进行设置。单击【确定】按钮，完成设置。

③ 修改和删除样式。

修改样式的方法：打开【样式】窗格，将鼠标指针移动到需要修改的样式上，单击要修改的样式右侧的箭头，在出现的下拉菜单中选择【修改样式】命令，打开【样式】窗格，按需要修改样式即可，如图4-1-55所示。

删除样式的方法：打开【样式】窗格，将鼠标指针移动到需要删除的样式上，单击右侧的箭头，在弹出的下拉菜单中选择【删除】命令。

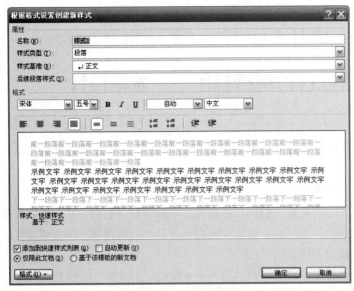

图 4-1-54　【根据格式设置创建新样式】对话框　　　　图 4-1-55　【样式】窗格

系统只允许删除自己创建的样式，而 Word 的内置样式只能修改，不能删除。

（2）模板。任何 Word 文档都是以模板为基础的，模板决定文档的基本结构和文档设置。Word 2010 提供了多种固定的模板类型，如信函、简历、传真、备忘录等。模板是一种预先设置好的特殊文档，能提供一种塑造文档最终外观的框架，而同时又能向其中添加个性化的信息。

① 选用模板。

单击【文件】选项卡中的【新建】按钮，在右侧的【可用模板】面板中可以选择所需模板类型，如图 4-1-56 所示。

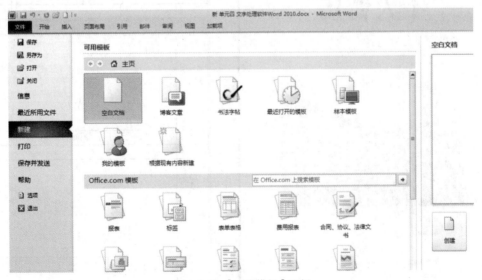

图 4-1-56　【可用模板】面板

按照模板的格式，在相应的位置输入内容，就可以将此模板应用到新文档中了。

② 根据现有文档创建新模板。

首先，排版好一篇文档，为新模板设计基本架构模式，确定文档的最终外观，单击【文件】

选项卡中的【另存为】按钮，弹出【另存为】对话框。

为新创建的模板设置新名称，单击【保存】按钮即可。模板文件的扩展名为 dotx。

任务二　大学生求职自荐材料制作——表格设计

对于面临就业的大学生来说，写好个人简历意义重大。因为在众多的求职者中，要想让用人单位在短时间内对应聘者印象深刻，并在交谈后更能把应聘者"放在心上"，有一样东西是必不可少的，这就是个人简历。

效益好的单位招人，往往是从众多的应聘者中挑选几个他们认为最好的人才。这样，出于办事效率的要求，他们不可能对每个应聘者都进行详细的面试。如果有意向的话，某些单位会要走应聘者的个人简历，作为初步筛选的依据材料，等研究完应聘者的个人简历后，再决定需要面试的人员。一般来说，制作简历包括以下两方面工作。

（1）制作封面简历，要求版面清晰，内容写明姓名、毕业院校、专业等，运用到的知识包括插入图片、艺术字、页眉、页脚、水印和文本框等。

（2）制作表格式简历，通过插入表格并对表格进行格式化，并写明基本信息情况、求职意向、技能、特长或爱好、奖励情况和社会关系。

任务实现方法如下。

要设计的简历封面及表格式简历分别如图 4-2-1 和图 4-2-2 所示。

图 4-2-1　简历封面　　　　　　　　图 4-2-2　表格式简历

添加封面

1．制作简历封面

（1）在页眉和页脚中添加文字及图片。

① 单击【插入】选项卡的【页眉和页脚】功能区中的【页眉】按钮，弹出页面的【内置】样式，选中【空白】。

② 在【页眉】上添加文字"江苏财经职业技术学院"，【字体】为【宋体】，【字号】为【四号】，使其居中，如图 4-2-3 所示；单击【页眉和页脚工具设计】选项卡的【插入】功能区中的【剪贴画】按钮，弹出【剪贴画】任务窗格，在【搜索文字】文本框中输入"文件夹"，单击【搜索】按钮，如图 4-2-4 所示，选择图片，单击【插入】按钮，并使图片居左；单击【关闭】按钮。

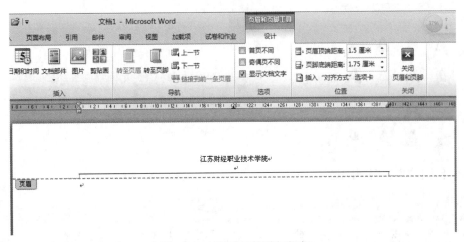

图 4-2-3　页眉和页脚编辑状态

（2）插入艺术字。具体操作步骤如下。

① 在【插入】选项卡的【文本】功能区中单击【艺术字】按钮，弹出【艺术字库】下拉列表框，如图 4-2-5 所示。选择第 1 行第 2 列样式，然后单击【确定】按钮，如图 4-2-6 所示，将"请在此放置您的文字"文字删除，输入"个人简历"，【字体】选择【隶书】，【字号】为【60】，单击【确定】按钮。

② 选中艺术字，选择【绘图工具格式】选项卡的【排列】功能区中的【位置】|【顶端居中】命令，如图 4-2-7 所示。

③ 在【艺术字样式】功能区中选择【文本填充】|【深蓝，文字2】命令，将"个人简历"的颜色设置为【深蓝色】。

④ 在【形状样式】功能区中选择【形状填充】|【渐变】|【其他渐变】命令，弹出【设置形状格式】对话框，如图 4-2-8 所示。将【渐变光圈】设置为双色，第一种颜色为【橙色】，第二种颜色为【白色】，单击【关闭】按钮。

（3）设置水印。在【页面布局】选项卡的【页面背景】功能区中选择【水印】|【自定义水印】命令，弹出【水印】对话框，如图 4-2-9所示。选中【图片水印】单选按钮，单击【选择图片】按钮，选择"校园"图片，单击【确定】按钮。

（4）在文本框中输入文字。在【插入】选项卡的【文本】功能区

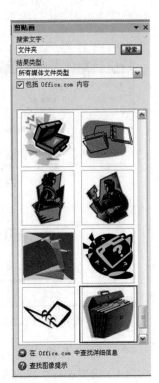

图 4-2-4　【剪贴画】任务窗格

中选择【文本框】|【横排】命令，将文本框放置在相应的位置，在里面写上相应的文字，【字体】为【华文行楷】，【字号】为【四号】。

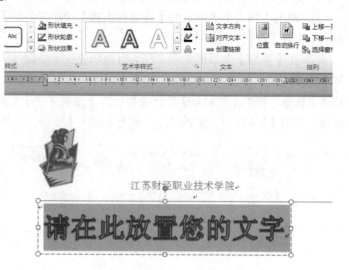

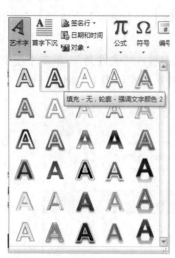

图 4-2-5 【艺术字库】下拉列表框

图 4-2-6 编辑"文字"

图 4-2-7 【绘图工具格式】选项卡

图 4-2-8 【设置形状格式】对话框

图 4-2-9 【水印】对话框

2. 制作表格式简历

（1）设置 5 行 7 列的表格。首先，新建一个空白文档，在【插入】选项卡的【表格】功能区中选择【表格】|【插入表格】命令，弹出【插入表格】对话框，如图 4-2-10 所示。将【列数】改

为 7,【行数】改为 5,单击【确定】按钮。

（2）插入行。将鼠标指针放在第 5 行的左侧,先单击左键,选中整行,然后再单击右键,在弹出的快捷菜单中选择【插入】|【在下方插入行】命令,如图 4-2-11 所示。反复单击此命令 10 次,共插入 10 行。

如果还有一些带回车符的空白行,则在【开始】选项卡的【编辑】功能区中单击【替换】按钮,在【查找】栏中输入"＾P＾P",在【替换】栏中输入"＾P",最后单击【全部替换】按钮,删除多余的空白行。

图 4-2-10　【插入表格】对话框

（3）合并单元格。将前 4 行的第 7 列全部选中,然后右键单击,在弹出的快捷菜单中选择【合并单元格】命令,如图 4-2-12 所示。

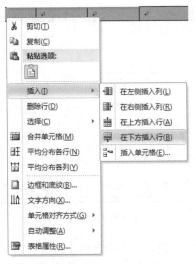

图 4-2-11　【插入】子菜单

图 4-2-12　【合并单元格】命令

（4）利用上述方法,将第 4 行的 2、3 列和 5、6 列单元格合并。

（5）利用上述方法,将第 5 行的 2~7 列单元格合并。

（6）利用上述方法,将第 6 行的所有单元格合并。

（7）利用上述方法,将第 11~15 行的第 1 列单元格合并。

（8）将鼠标指针放在第 7 行的下边框线上,这时鼠标指针会变成"÷"标记,按住鼠标左键向下拖动下边框线。利用同样的方法修改第 10 行单元格的高度。

（9）拆分单元格。将光标放在第 8 行第 2 列上,然后右键单击,在弹出的快捷菜单中,选择【拆分单元格】命令,弹出【拆分单元格】对话框,如图 4-2-13 所示。按照样文要求分为 3 列,行数不变,单击【确定】按钮。

（10）在【表格工具 | 设计】选项卡的【绘图边框】功能区中单击【绘制表格】按钮,这时鼠标指针变成笔状⌀,按照样文在第 11~15 行画出 5 列。再单击"▦"按钮,这时鼠标指针又变成了箭头状。按照样文调整列宽。

图 4-2-13　【拆分单元格】对话框

（11）表格对齐方式。选中全部表格,右键单击,在弹出的快捷菜单中选择【单元格对齐方

式】|【水平居中】命令，如图4-2-14所示。

（12）按照样文添加文字，将第6行的文字加粗，其他文字默认为【宋体】【五号】。

快速打印多页表格标题，选中表格的主题行，勾选【表格】|【重复标题行】复选框。当用户预览或打印文件时，就会发现每一页的表格都有标题了。当然，使用这个技巧的前提是表格必须是自动分页的。

（13）为表格添加双线型的边框。将表格全部选中，右键单击，在弹出的快捷菜单中选择【边框和底纹】命令，弹出【边框和底纹】对话框，切换到【边框】选项卡，如图4-2-15所示。在【设置】栏中选择【方框】，在【线型】栏中选择【双线型】，单击【确定】按钮（参照此方法添加其他双线型的边框）。

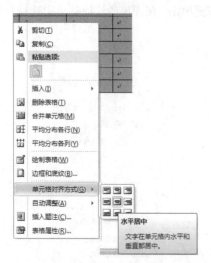

图4-2-14　单元格对齐方式中的【水平居中】　　　　图4-2-15　【边框】选项卡

（14）选择第6行单元格，单击鼠标右键，在弹出的快捷菜单中选择【边框和底纹】命令，弹出【边框和底纹】对话框，切换到【底纹】选项卡，如图4-2-16所示。在【填充】选项中选择底纹颜色为【橙色】，然后单击【确定】按钮。

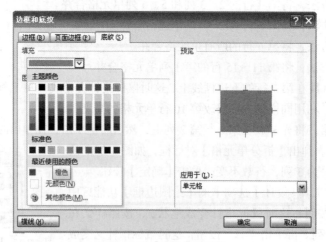

图4-2-16　【底纹】选项卡

表格是人们日常生活中经常使用的一种简明扼要的表达方式，Word提供了强大的表格处理功能，可以制作出各种复杂格式的表格。

一、创建表格

表格是一个行与列有规则排列的网格。行与列的交叉处是一个矩形框，这些框被称为单元格。Word 提供了几种创建表格的方法。

1. 绘制表格

（1）单击【插入】选项卡中的【表格】按钮，在弹出的下拉列表框中选择【绘制表格】命令。

（2）将鼠标指针移至编辑区，鼠标指针会变成铅笔的形状，同时在标题栏上将出现【表格工具｜设计】和【表格工具｜布局】两个选项卡，如图 4-2-17 所示。

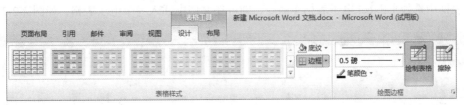

图 4-2-17 【表格工具】选项卡

（3）当鼠标指针变成铅笔的形状时，按住鼠标左键不放，在文档的空白处拖动就可以绘制出整个表格的外边框。

（4）按住鼠标左键不放，从起点到终点以水平方向拖动鼠标指针，可在表格中绘制出横线。

参考步骤（4）的方法可在表格的边框内绘制水平线、垂直线和斜线。

2. 用【插入表格】按钮创建表格

通过【插入表格】命令可以快速插入一个最大为 8 行 10 列的表格。下面以创建问卷调查表单为例，创建一个 7 行 7 列的表格。

（1）在【插入】选项卡的【表格】功能区中单击【表格】按钮，然后在弹出的下拉列表框的制表选择框中移动鼠标指针，移过的区域变为橘红色，如图 4-2-18 所示。

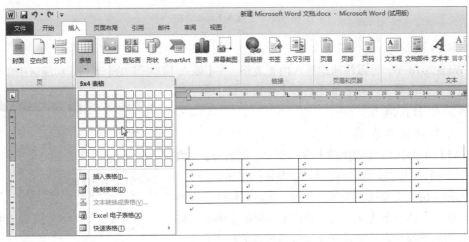

图 4-2-18 【表格】按钮

（2）当制表选择框顶部显示 "7×7 表格" 时单击鼠标，在光标处即会插入一个 7 行 7 列的表格。

3. 用【插入表格】对话框创建表格

单击【插入】选项卡中的【表格】按钮，在下拉列表框中选择【插入表格】命令，弹出【插入表格】对话框，在【插入表格】对话框的【列数】文本框中输入7，在【行数】文本框中输入7，在【"自动调整"操作】功能区中选中【固定列宽】单选按钮，如图4-2-19所示，单击【确定】按钮，这时在光标处出现一个7行7列的表格。

图 4-2-19 【插入表格】对话框

4. 插入电子表格

在 Word 2010 中不仅可以插入普通表格，还可以插入 Excel 电子表格，操作步骤如下。

将光标定位在需要插入电子表格的位置，在【插入】选项卡中单击【表格】按钮，在弹出的下拉列表框中选择【Excel 电子表格】命令，即可在文档中插入一个电子表格，如图 4-2-20 所示。

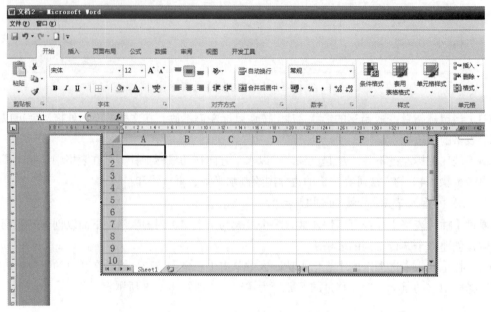

图 4-2-20 插入 Excel 表格

5. 插入快速表格

在 Word 2010 中，可以快速地插入内置表格，在【插入】选项卡的【表格】功能区中单击【表格】按钮，在弹出的下拉列表框中选择【快速表格】命令就可以选择插入表格的类型。

6. 文本转换为表格

在 Word 2010 中可以将用段落标记、逗号、制表符、空格或其他特定字符隔开的文本转换成表格，具体操作如下。

将光标定位在需要插入表格的位置；选定要转换为表格的文本，单击【插入】选项卡的【表格】功能区中的下拉按钮，在弹出的下拉列表框中选择【文本转换成表格】命令，即弹出【将文字转换成表格】对话框，如图 4-2-21 所示。在该对话框中，对【表格尺寸】中的【列数】进行调整，在【文

图 4-2-21 【将文字转换成表格】对话框

字分隔位置】选区中选择或输入一种分隔符。单击【确定】按钮即可将文本转换成表格。

二、表格的编辑和修改

如果用户对建立的表格格式不满意，则可以对已建立的表格做进一步修改，如移动或复制单元格，插入新的单元格、行或列，调整它们的高或宽等。

输入与编辑表格内容

1. 数据的输入

在输入信息之前，必须先定位插入点。定位光标既可以使用鼠标定位，也可以使用键盘定位。使用鼠标定位插入点，只需将鼠标光标置于要设置插入点的单元格中即可。

2. 选定表格的编辑对象

对表格对象的操作必须"先选定，后操作"，选定的对象呈高亮显示。

● 选定一个单元格：将鼠标指针指向单元格左端内侧边缘，当指针变为向右的黑色实心箭头时，单击即可。

● 选定一行：将鼠标指针指向某行左端外侧边缘，当指针变为向右的空心箭头时，单击即可。

● 选定一列：将鼠标指针指向某列顶端外侧边缘，当指针变为向下的黑色实心箭头时，单击即可。

● 选定多个单元格、多行或多列：选定一个单元格、一行或一列后，按住鼠标左键拖动（或按住"Shift"键，单击另一个单元格、一行或一列），可选定连续的单元格、行或列；选定一个单元格、一行或一列后，按住"Ctrl"键，单击另一个单元格、一行或一列，可选定不连续的单元格、行或列。

● 选定整个表格：将鼠标指针指向表格内，表格左上角外会出现⊞符号，单击该符号即可选定整个表格。

3. 插入单元格、行或列

用户制作表格时，可根据需要在表格中插入单元格、行或列。

（1）插入单元格。操作步骤如下。

将光标定位在需要插入单元格的位置，在【表格工具|布局】选项卡的【行和列】功能区中单击对话框启动器按钮，弹出【插入单元格】对话框，如图 4-2-22 所示。在该对话框中选择相应的单选按钮，如选中【活动单元格右移】单选按钮，单击【确定】按钮，即可插入单元格。

图 4-2-22　【插入单元格】对话框

（2）插入行。操作步骤如下。

将光标定位在需要插入行的位置，在【表格工具|布局】选项卡的【行和列】功能区中选择【在上方插入】或【在下方插入】命令，或者单击鼠标右键，从弹出的快捷菜单中选择【插入】|【在上方插入行】或【在下方插入行】命令，即可在表格中插入所需的行。

（3）插入列。插入列的具体操作步骤与插入行类似。

4. 删除单元格、行或列

在制作表格时，如果某些单元格、行或列是多余的，可将其删除。

（1）删除单元格。操作步骤如下。

将光标定位在需要删除的单元格中，在【表格工具|布局】选项卡的【行和列】功能区中单击【删除】按钮，在弹出的下拉列表中选择【删除单元格】命令，或者在单元格上单击鼠标右键，

从弹出的快捷菜单中选择【删除单元格】命令，弹出【删除单元格】对话框，如图 4-2-23 所示。

在该对话框中选中相应的单选按钮，单击【确定】按钮，即可删除单元格。

（2）删除行或列。选中要删除的行（或列），在【表格工具|布局】选项卡的【行和列】功能区中单击【删除】按钮，在弹出的下拉列表中选择【删除行（或列）】命令，或者在行（或列）上单击鼠标右键，从弹出的快捷菜单中选择【删除行（或列）】命令，即可删除不需要的行（或列）。

图 4-2-23 【删除单元格】对话框

5．合并单元格

在编辑表格时，有时需要将表格中的多个单元格合并为一个单元格，其具体操作步骤如下。选中要合并的多个单元格，在【表格工具|布局】选项卡中，单击【合并】功能区中的【合并单元格】按钮，或者在选中的单元格上单击鼠标右键，从弹出的快捷菜单中选择【合并单元格】命令，即可清除所选定单元格之间的分隔线，使其成为一个大的单元格。

6．拆分单元格

用户还可以将一个单元格拆分成多个单元格，其具体操作步骤如下。选定要拆分的一个或多个单元格，在【表格工具|布局】选项卡的【合并】功能区中单击【拆分单元格】按钮，或者在选中的单元格上单击鼠标右键，从弹出的快捷菜单中选择【拆分单元格】命令，弹出【拆分单元格】对话框，如图 4-2-24 所示。

在该对话框中的【列数】和【行数】微调框中输入相应的列数和行数。

图 4-2-24 【拆分单元格】对话框

如果希望重新设置表格，可勾选【拆分前合并单元格】复选框；如果希望将所设置的列数和行数分别应用于所选的单元格，则不勾选该复选框。设置完成后，单击【确定】按钮，即可将选中的单元格拆分成等宽的小单元格。

7．拆分表格

有时，需要将一个大表格拆分成两个表格，以便于在表格之间插入普通文本，具体操作步骤如下。将光标定位在要拆分表格的位置，在【表格工具|布局】选项卡的【合并】功能区中单击【拆分表格】按钮，即可将一个表格拆分成两个表格。

如果要合并表格删除两表格之间的空行即可。

8．调整表格的行高和列宽

在实际应用中，经常需要调整表格的行高和列宽。下面将介绍调整表格行高和列宽的具体方法。

（1）用拖动的方法调整表格的行高和列宽。将鼠标指针定位在待调整行高的行底边线上，当鼠标指针的形状变为"＋"时，沿垂直方向拖动行边线即可调整行高。将鼠标指针定位在待调整列宽的列右边线上，当鼠标指针的形状变为"＋|＋"时，沿水平方向拖动列边线即可调整列宽。

（2）用菜单命令调整表格的行高和列宽。选中需要调整的表格并右键单击，在弹出的快捷菜单中选择【表格属性】命令，打开【表格属性】对话框，如图 4-2-25 所示。单击【行】或【列】标签可对行高或列宽进行精确的调整。或者在【表格工具|布局】选项卡的【单元格大小】功能区的【高度】或【宽度】文本框中直接输入数值即可。

（3）自动调整表格。Word 2010 还提供了自动调整表格的功能，使用该功能，可以根据需要方便地调整表格，具体操作步骤如下。选定要调整的表格或表格中的某部分，在【表格工具|布局】

选项卡的【单元格大小】功能区中单击【自动调整】按钮，弹出图 4-2-26 所示的下拉菜单。在该下拉菜单中选择相应的选项，对表格进行调整。

图 4-2-25　【表格属性】对话框

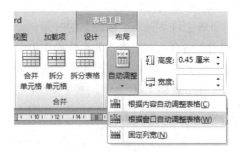

图 4-2-26　【自动调整】选项

三、表格的设计

表格的设计是指对表格的外观进行修饰，使表格具有精美的外观。例如，设置表格的边框和底纹、自动套用格式等。

1．设置表格的边框和底纹

可以为表格或表格中的选定行、选定列及选定单元格添加边框，或用底纹来填充表格的背景，具体操作步骤如下。

（1）将光标定位在要添加边框和底纹的表格中，在【表格工具|设计】选项卡的【表格样式】功能区中单击【底纹】按钮，在弹出的下拉列表框中设置表格底纹的颜色或者选择【其他颜色】命令，弹出【颜色】对话框，在该对话框中可选择其他颜色。

（2）在【表格工具|设计】选项卡的【表格样式】功能区中单击【边框】按钮，在弹出的下拉列表框中选择【边框和底纹】命令，或者在表格中单击鼠标右键，从弹出的快捷菜单中选择【边框和底纹】命令，弹出【边框和底纹】对话框，切换到【边框】选项卡，如图 4-2-27 所示。

图 4-2-27　【边框和底纹】对话框

在该选项卡的【设置】选区中选择相应的边框形式，在【样式】列中设置边框线的样式，在【颜色】和【宽度】下拉列表中分别设置边框的颜色和宽度，在【预览】选区中设置相应的边框或者单击【预览】选区中左侧和下方的按钮，在【应用于】下拉列表中选择应用的范围。设置完成后，单击【确定】按钮。

2. 表格的自动套用格式

Word 2010 为用户提供了一些预先设置好的表格样式，这些样式可供用户在制作表格时直接套用，可省去许多调整表格细节的时间，而且制作出来的表格更加美观。

使用表格自动套用格式的具体操作步骤如下。

（1）将光标定位在需要套用格式的表格中的任意位置。

（2）在【表格工具|设计】选项卡的【表格样式】功能区中单击下拉箭头，在弹出的【表格样式】下拉列表框中选择表格的样式，如图4-2-28所示。

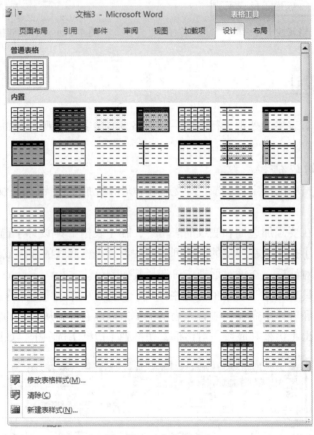

图 4-2-28　表格样式库

在此，还可以根据用户需求自定义表格样式，在【表格样式】下拉列表框中选择【新建表样式】命令，打开【根据格式设置创建新样式】对话框，如图4-2-29所示。在其中，对表格样式进行设计。

3. 修改表格样式

在【表格样式】下拉列表框中选择【修改表格样式】命令，弹出【修改样式】对话框，如图4-2-30所示。在该对话框中可修改所选表格的样式。

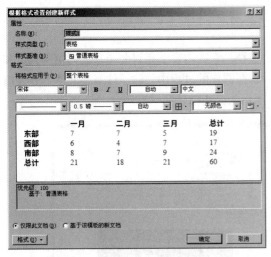

图 4-2-29　自定义表格样式

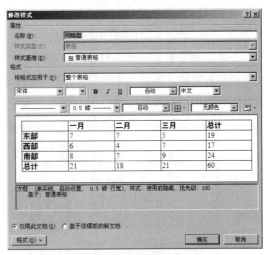

图 4-2-30　【修改样式】对话框

4. 绘制斜线表头

在 Word 2010 中绘制斜线表头的步骤如下。

将光标定位在需要绘制表头的单元格中；在【表格工具|设计】选项卡的【绘图边框】功能区中单击【绘制表格】按钮，当光标变为画笔状时即可在该单元格内绘制斜线。或者单击【表格样式】功能区中的【边框】按钮，如图 4-2-31 所示，在弹出的下拉列表框中选择斜线即可。

图 4-2-31　绘制表格斜线头

任务三　公司招聘简章制作——图文混排

公司招聘人才，一般需要写招聘简章。招聘简章一般的写法如下：①招聘启事名称，如"某公司财务经理招聘启事"等；②公司介绍、公司发展规划等公司信息；③应聘条件；④待遇；⑤联系方式。如果需要还可以添加其他项目。

　　企业招聘简章是公司人事部门常用的一种办公文档，它在内容上是对公司及公司招聘人员和相关待遇的描述，但是为了在发布过程中引人注目，在制作的过程中，除了注意在文本上表述清楚外，在版面的设置上应该清晰、醒目。图 4-3-1 所示为公司招聘简章范例。

图 4-3-1　公司招聘简章效果图

一、设置文字格式

1．设置页眉和页脚

（1）在【插入】选项卡的【页眉和页脚】功能区中单击【页眉】按钮，在弹出的下拉列表框的【内置】样式中选择【空白】选项，在【页眉】上添加文字"中国石油淮安销售分公司招聘简章"，【字体】为【仿宋】，【字号】为【四号】，设置其左对齐，如图 4-3-2 所示。

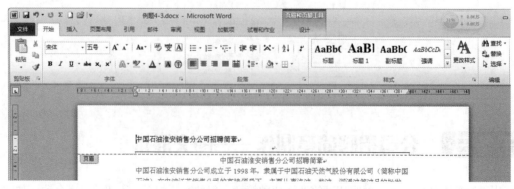

图 4-3-2　页眉和页脚编辑状态

（2）在【页眉和页脚工具|设计】选项卡的【插入】功能区中单击【剪贴画】按钮，弹出【剪贴画】任务窗格，在【搜索文字】文本框中输入"工业"，单击【搜索】按钮，如图4-3-3所示，选择图片；然后单击【插入】按钮，并适当调整图片的大小；最后单击【关闭】按钮。

（3）在图片的旁边写入文字并将其选中，在【开始】选项卡的【段落】功能区中单击【中文版式】按钮，在弹出的下拉列表框中选择【双行合一】命令，调整文字的大小（中文为【1号】，英文为【2号】），如图4-3-4所示。

（4）单击【段落】功能区中的居左按钮，将文字及图片同时居左。再单击【转至页脚】按钮，完成页眉和页脚间的切换，这时就切换到页脚了，在页脚中输入文字"江苏淮安分公司"，使其居右，单击【关闭页眉和页脚】按钮。

2. 设置分栏

选中第一段，在【页面布局】选项卡的【页面设置】功能区中单击【分栏】按钮，在弹出的下拉列表框中选择【更多分栏】命令，打开【分栏】对话框，如图4-3-5所示。在【预设】栏中选择【左】，勾选【分隔线】复选框，单击【确定】按钮。

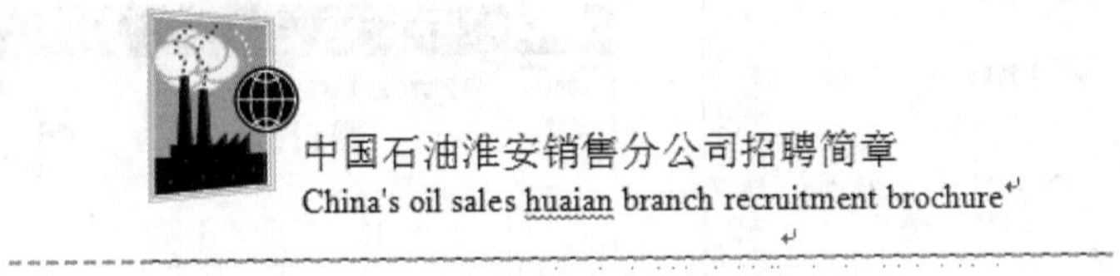

图4-3-3 【剪贴画】任务窗格

中国石油淮安销售分公司招聘简章
China's oil sales huaian branch recruitment brochure

图4-3-4 "双行合一"的页眉

3. 设置首字下沉

将第一段中的"中"字选中，单击【插入】|【文本】|【首字下沉】按钮，在弹出的下拉列表框中选择【首字下沉选项】命令，弹出【首字下沉】对话框，如图4-3-6所示。选择【位置】为【下沉】，【字体】为【楷体】，【下沉行数】为2，单击【确定】按钮。

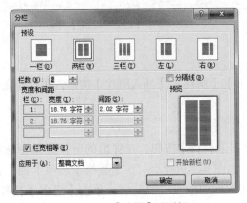

图4-3-5 【分栏】对话框

图4-3-6 【首字下沉】对话框

97

4. 设置字体

（1）将第一段中的"油品的批发、零售业务"文字选中，鼠标右键单击，在弹出的快捷菜单中选择【字体】命令，在【着重号】中选择【•】，单击【确定】按钮。

（2）将第一段的最后一句"公司机关下设……五科一室"选中，鼠标右键单击，在弹出的快捷菜单中选择【字体】命令，在【下划线型】中选择波浪线，然后单击【确定】按钮。

5. 设置段落

将文档中的第二段选中，鼠标右键单击，在弹出的快捷菜单中选择【段落】命令，弹出【段落】对话框，如图 4-3-7 所示。在【缩进和间距】选项卡中，将【间距】中的【段后】改为【12 磅】，【行距】改成【1.5 倍行距】，单击【确定】按钮。再次将第二段选中，在【开始】选项卡的【字体】功能区中单击【倾斜】按钮，使字形变得倾斜。

设置段落对齐方式

6. 设置边框和底纹

（1）将文档的第二段选中，打开【边框和底纹】对话框。在【边框】选项卡中将边框设置为【阴影】，将线型【颜色】设置为【黄色】；在【底纹】选项卡中将底纹填充为【白色】，单击【确定】按钮。

（2）将第三段中的"根据工作需要，我公司面向社会……关事宜公告如下："文字选中，打开【边框和底纹】对话框，如图 4-3-8 所示。在【边框】选项卡中选择【方框】，【线型】选择第 3 种虚线，单击【确定】按钮。

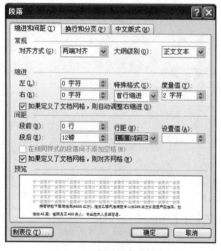

图 4-3-7 【段落】对话框

图 4-3-8 【边框和底纹】对话框

7. 设置脚注和尾注

将光标放在第二段第一个字前，单击【引用】|【脚注】|【插入脚注】按钮，在页面底端出现一条横线，在横线的下方写上注释的文字。

8. 设置查找、替换

在【开始】选项卡的【编辑】功能区中单击【查找】按钮，在弹出的下拉菜单中选择【高级查找】命令，出现【查找和替换】对话框，如图 4-3-9 所示。在【替换】选项卡的【查找内容】文本框中输入"员"字，在【替换为】文本框中输入"圆"字，单击【更多】按钮，【更多】按钮被替换为【格式】按钮。将【替换内容】文本框中的"员"字选中，单击【格式】

按钮，在弹出的下拉菜单中选择【字体】，弹出【字体】对话框，将文字的颜色设置为红色，单击【确定】按钮，回到【查找和替换】对话框中，单击【全部替换】按钮，即可实现全部替换。

9. 设置项目符号和编号

将招聘条件中的 5 个条件都选中，单击【段落】功能区中【项目符号】右侧的向下箭头按钮，弹出【项目符号库】下拉列表框，如图 4-3-10 所示。选择项目符号，单击【确定】按钮。

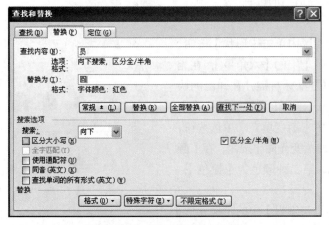

图 4-3-9 【查找和替换】对话框   图 4-3-10 【项目符号库】列表框

二、设置图形格式

1. 插入图片

在【插入】选项卡的【插图】功能区中单击【图片】按钮，弹出【插入图片】对话框，如图 4-3-11 所示。选中名称为"机器"的图片，单击【插入】按钮。

图 4-3-11 【插入图片】对话框

选中该图片，在【图片工具 | 格式】选项卡的【排列】功能区中单击【位置】按钮，在弹出

的下拉列表框中选择【其他布局选项】命令，打开【布局】对话框。切换到【文字环绕】选项卡，选择【四周型环绕】，将图片放在图 4-3-1 所示的位置。

2. 设置艺术字

在【插入】选项卡的【文本】功能区中单击【艺术字】按钮，弹出【艺术字库】下拉列表框，如图 4-3-12 所示。在艺术字库中选中第 3 行第 1 列的艺术字样式，输入文字"公司招聘"。选中艺术字，同样打开【布局】对话框。切换到【文字环绕】选项卡，选择【四周型环绕】，将艺术字放在适当的位置上。

3. 设置 3 个自选图形

在【插入】选项卡的【插图】功能区中单击【形状】按钮，在弹出的下拉列表框中选择【星与旗帜】中的【八角星】，在相应的位置画出图形，将图形选中并单击鼠标右键，在弹出的快捷菜单中选择【设置形状格式】命令，弹出【设置形状格式】对话框，切换到【填充】选项卡，选中【渐变填充】单选按钮，移动【渐变光圈】的横栏或单击【增加渐变光圈】按钮，在【颜色】栏中设置第一种颜色为【白色】，第二种颜色为【橙色】；单击【关闭】按钮。

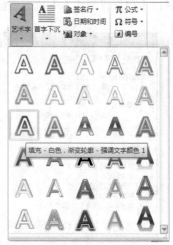

图 4-3-12 【艺术字库】下拉列表框

在【形状】下拉列表框中选择【星与旗帜】中的【横卷形】图形，在文档的下方画出该图形，将其选中，单击鼠标右键，在弹出的快捷菜单中选择【添加文字】命令，按照图 4-3-1 将英文录入。

三、绘制图形

Word 2010 中可以使用【插入】选项卡的【插图】功能区中的【形状】按钮来绘制各种图形。单击【形状】按钮，在下拉列表框中可以看到可绘制的各种形状，包括线条、基本形状、箭头总汇、流程图、星与旗帜等。单击与所需形状相对应的图标按钮，在页面中拖动鼠标指针，即可绘制出所需的图形，并自动在功能区中显示【绘图工具|格式】选项卡。【绘图工具|格式】选项卡中各组工具的具体功能说明如下。

- 插入形状：用于插入图形，以及在图形中添加和编辑文本。
- 形状样式：用于更改图形的总体外观样式。
- 艺术字样式：用于更改艺术字的样式。
- 文本：用于更改文本格式。
- 排列：用于指定图形的位置、层次、对齐方式以及组合和旋转图形。
- 大小：用于指定图形的大小尺寸。

例如，制作一张生日贺卡时，为了让标题更加醒目漂亮，常常要为贺卡的标题做一个衬底，操作步骤如下。

（1）单击【插入】选项卡中的【形状】按钮，在其下拉列表框中选择【星与旗帜】栏中的【爆炸型 2】图形，如图 4-3-13 所示。

（2）将鼠标指针移至贺卡上，这时指针变成了"+"形状。在想要插入形状的位置按住鼠标左键不放，拖动鼠标指针到适当的位置，然后松开鼠标左键，如图 4-3-14 所示。其效果如图 4-3-15 所示。

图 4-3-13   选择形状

图 4-3-14   拖动鼠标指针到适当的位置

图 4-3-15   松开鼠标左键后的效果

四、艺术字

艺术字是指具有艺术效果的文字，如带阴影的、扭曲的、旋转的和拉伸的文字等。

1. 插入艺术字

单击【插入】选项卡中的【艺术字】按钮。在其下拉列表框中选择一种艺术字样式，如图 4-3-16 所示，弹出放置文字的文本框，如图 4-3-17 所示，输入文字"生日快乐！"，这时"生日快乐！"字样的艺术字将出现在文档中。

2. 设置艺术字格式

为了使插入的艺术字与文档更协调、字体更美观，下面进行艺术字格式的设置。

图 4-3-16 单击【艺术字】按钮

图 4-3-17 【编辑艺术字文字】文本框

（1）选中艺术字，在【艺术字样式】功能区中单击【文本填充】按钮，将颜色设置为【红色】，如图 4-3-18 所示。

（2）在【格式】选项卡中，单击【位置】功能区中的【其他布局选项】按钮，弹出【布局】对话框，如图 4-3-19 所示，在【文字环绕】选项卡中，选择【浮于文字上方】版式，单击【确定】按钮。

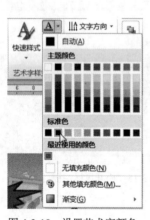

图 4-3-18 设置艺术字颜色

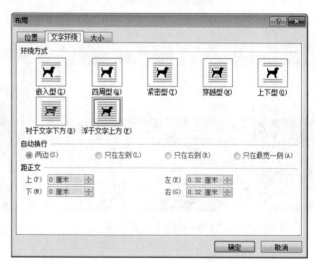

图 4-3-19 【布局】对话框

五、文本框

在文档中使用文本框可以将文字或其他图形、图片、表格等对象在页面中独立于正文放置，并方便定位。文本框中的内容可以在框中进行任意调整。Word 2010 内置了一系列具有特定样式的文本框。

1. 插入文本框

单击【插入】选项卡中的【文本框】按钮，在其下拉列表框中单击【内置】栏中所需的文本框图标。如果要插入一个无格式的文本框，可选择【绘制文本框】或【绘制竖排文本框】命令，然后在页面文档中拖动鼠标指针绘制出文本框。

2. 取消文本框

在文本框中输入文字并对文本进行格式设置的操作步骤如下。

（1）选中文本框，在文本框中输入文字。

（2）输入文字之后，再次选中文本框，在【格式】选项卡中设置形状轮廓为【无轮廓】，如图 4-3-20 所示。

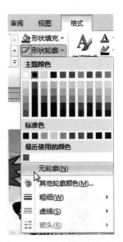

图 4-3-20　【格式】选项卡

六、图片

在 Word 2010 中可以插入多种格式的图片，如 bmp、tif、pic、pcx 等。

1. 插入图片

（1）单击【插入】选项卡中的【图片】按钮。

（2）弹出【插入图片】对话框，在图片库中找到一个合适的图片，如图 4-3-21 所示。

图 4-3-21　【插入图片】对话框

（3）单击【插入】按钮，图片就被插入到文档中了。

2. 调整图片

选中插入的图片，Word 2010 会在功能区中自动显示【图片工具|格式】选项卡，可对图片进行各种调整和编辑。

【图片工具|格式】选项卡中各个功能区的说明如下。

● 【调整】功能区：用于调整图片，包括更改图片的亮度、对比度、色彩模式，以及压缩、更改或重设图片。

● 【图片样式】功能区：用于更改图片的外观样式。

● 【排列】功能区：用于设置图片的位置、层次、对齐方式以及组合和旋转图片。

● 【大小】功能区：用于指定图片大小或裁剪图片。

七、SmartArt 图形

SmartArt 图形用于在文档中演示流程、层次结构、循环或关系。它包括列表、流程、层次结构、关系与棱锥图等，如图 4-3-22 所示。

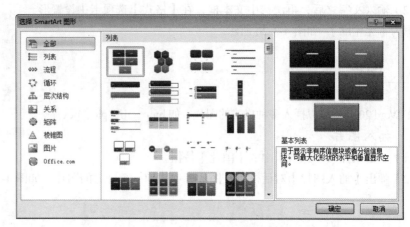

图 4-3-22　SmartArt 图形

这里以插入一个层次结构的图形来说明 SmartArt 的基本用法。

（1）在【插入】选项卡的【插图】功能区中单击 SmartArt 按钮，打开【选择 SmartArt 图形】对话框。

（2）选择左边列表中的【层次结构】选项，在中间列表框中选择【水平层次结构】，如图 4-3-23 所示，单击【确定】按钮。

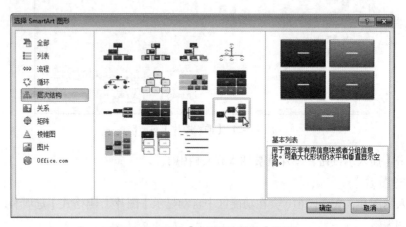

图 4-3-23　选择【水平层次结构】选项

（3）对于这个层次结构，需要输入具体的层级关系。可以看到 Word 2010 提供了良好的输入界面，只需在图形左侧的提示窗格中输入内容就可以对应地设置相应的层级项目。输入的内容立刻就可以显示在图表中，如图 4-3-24 所示。

（4）输入完成后将左侧窗格关闭，在层次结构图形外的空白区域双击，一个 SmartArt 图形就创建完成了。

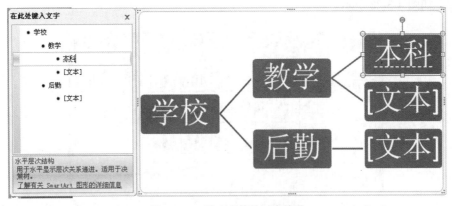

图 4-3-24 输入具体的层次关系

八、图表

Word 2010 在数据图表方面有了很大改进，其可以在数据图表的装饰和美观方面进行专业级的处理。下面以一个实例介绍图表的使用。在这个例子中，我们要将一年的平均温度变化用折线图表示出来，如表 4-3-1 所示。

表 4-3-1　　　　　　　　　　　　一年的平均温度变化

时间	1 月	2 月	3 月	4 月	5 月	6 月	7 月	8 月	9 月	10 月	11 月	12 月
月平均温度/℃	6	7	11	15	20	26	30	33	29	22	16	10

Word 2010 图表的制作步骤如下。

（1）选择图表类型。单击【插入】选项卡的【插图】功能区中的【图表】按钮，打开图 4-3-25 所示的对话框。选择【折线图】选项中的第 4 个图形，如图 4-3-26 所示。单击【确定】按钮，屏幕右侧会出现根据选择的图表类型而内置的示例数据，如图 4-3-27 所示。

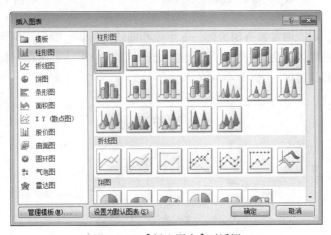

图 4-3-25 【插入图表】对话框

（2）整理原始数据。将表 4-3-1 中的数据输入到右侧的 Excel 表格中，系统将自动绘制出相应的折线图，如图 4-3-28 所示。

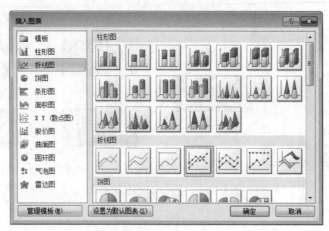

图 4-3-26　选择一个折线图

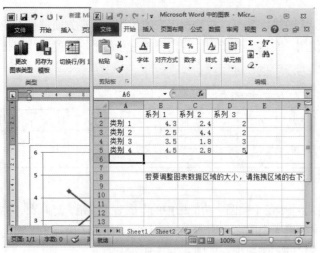

图 4-3-27　内置示例数据和对应的折线图

	A	B
1	时间	月平均温度
2	1月	6
3	2月	7
4	3月	11
5	4月	15
6	5月	20
7	6月	26
8	7月	30
9	8月	33
10	9月	29
11	10月	22
12	11月	16
13	12月	10

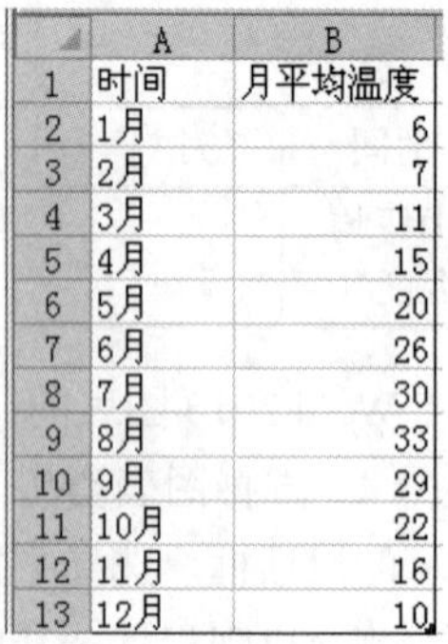

图 4-3-28　数据输入格式

（3）图表布局。图表通常要有横坐标、纵坐标和曲线的标识，要显示标识，在【设计】选项卡的【图表布局】功能区中选择一种布局，这里选择“布局 10”，并将横坐标和纵坐标的坐标轴标题改为“月份”和“温度”，如图 4-3-29 所示。

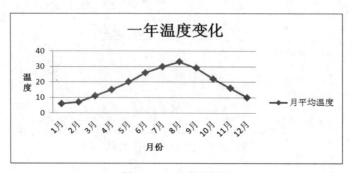

图 4-3-29　温度变化图

任务四 奖状制作——邮件合并

在学院举行的多媒体制作大赛中，许多学生获得了优异的成绩。学院将给获得奖项的学生发奖状，以资鼓励。制作奖状的任务由计算机技术与艺术设计系的教务员高老师负责，高老师遇到了一个难题：学院要求根据已有的学生获奖情况表，给每位获奖的学生发奖状。高老师发现奖状的内容和格式基本相同，二话不说将"奖状"复制了上百份，但接下来的事却让他发了愁，要把每位学生所在的系名、姓名及奖项填进去，并不是一件轻松的事情，不仅花时间，更重要的是极易出错！正当他一筹莫展时，曹老师进来了，经过曹老师的一番指点，高老师很快完成了任务。那曹老师教了高老师什么办法呢？

曹老师利用 Word 中提供的【邮件合并】功能，首先保留奖状中不变换的内容，作为主文档，如图 4-4-1 所示。将"学生获奖情况表"作为数据源，如图 4-4-2 所示。再将奖状中变化的部分作为合并域。经过这 3 步，很快就制作出了学生奖状，不仅节省时间，更重要的是准确可靠！

图 4-4-1 主文档

年级	班级	姓名	奖项
2008	网络-1	刘利	一等
2007	计算机应用-1	李思	二等
2009	软件-1	王永	三等
2010	网络-2	张虎	二等

图 4-4-2 学生获奖情况表

邮件合并就是在主文档的固定内容中，合并与发送信息相关的一组数据源，从而批量生成需要的邮件合并文档。邮件合并进程涉及 3 个文档：主文档、数据源和合并文档。要完成基本邮件合并进程，用户必须按照下列步骤操作。

第 1 步为打开或创建一个主文档。

第 2 步为使用独特的收件人信息打开或创建数据源。

第 3 步为在主文档中添加或自定义合并域，合并来自数据源的数据。

Word 2010 使用向导来指导用户完成所有步骤，从而使邮件合并变得容易。

任务实现方法如下。

1. 主文档制作

（1）新建一个空白文档，首先单击【页面主布局】|【页边距】|【自定为边距】命令，打开【页面设置】对话框，选择【页边距】选项卡，将文档的【上】【下】页边距均改为【3 厘米】，【左】【右】页边距均改为【4 厘米】，方向选择【横向】。再选择【纸张】选项卡，【纸张大小】为【B5】，其他设置保持默认选项，如图 4-4-3 所示。

（2）输入文字。输入图 4-4-1 所示的 4 段文字，将【字体】设置为【楷体】，【字号】为【四号】，【字形】为【加粗】，【行距】设置为【1.5 倍行距】。第一、二段分别为首行缩进 2 字符，第三、四段设为右对齐。适当调整文字在文档中的位置。

（3）为文档添加背景颜色。在【页面布局】选项卡的【页面背景】功能区中单击【页面颜色】按钮，弹出图 4-4-4 所示的【颜色】下拉列表框，设置背景颜色为【深红色】。

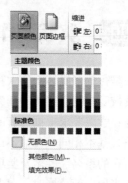

图 4-4-3 【页面布局】选项卡　　　　　　　　　图 4-4-4 【颜色】选项卡

（4）插入自选图形。插入【星与旗帜】图形中第2行第2列的【前凸带形】，如图4-4-5所示。在文档的上方拖动鼠标绘制出一个大小合适的图形。

（5）选中自选图形并单击鼠标右键，在弹出的快捷菜单中选择【设置形状格式】命令，弹出【设置形状格式】对话框，如图4-4-6所示。在【填充】选项卡中选中【纯色填充】单选按钮，【颜色】设置为【橙色】，【线条颜色】选择【无线条颜色】，设置环绕方式为【四周型文字环绕】。

图 4-4-5 【自选图形】列表

图 4-4-6 【设置形状格式】对话框

（6）右键单击图片，在弹出的快捷菜单中选择【添加文字】命令，输入文字"奖状"。奖状的主文档就制作完成了。

2. 数据源的制作

首先新建一个空白文档，打开【插入表格】对话框，如图4-4-7所示。将【列数】改为4，【行数】改为 12，单击【确定】按钮。

这时，在页面上出现了 4 列 12 行的表格，如图 4-4-2 所示，输入文字，最后保存文档，将文件名设置为"获奖名单"。

3．合并文档

（1）打开主文档，在【邮件】选项卡的【开始邮件合并】功能区中单击【选择收件人】按钮，在弹出的下拉列表框中选择【使用现有列表】命令，出现图 4-4-8 所示的【选取数据源】对话框，选择准备好的数据源文档，单击【打开】按钮即可。

图 4-4-7　【插入表格】对话框

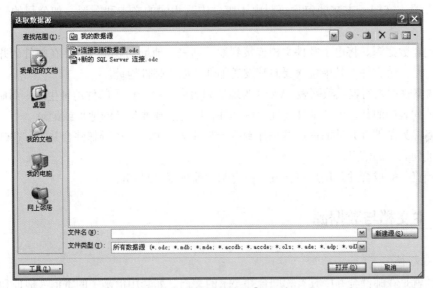

图 4-4-8　【选取数据源】对话框

（2）编辑收件人列表，单击【开始邮件合并】功能区中的【编辑收件人列表】按钮，打开【邮件合并收件人】对话框，如图 4-4-9 所示。选择获奖人名单，勾选名字前的复选框。

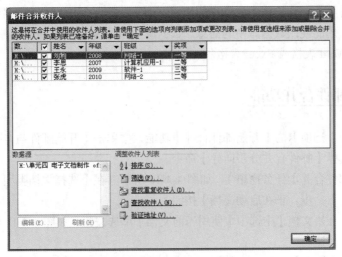

图 4-4-9　【邮件合并收件人】对话框

（3）插入合并域，将光标定位到"年级"文字前，单击【编写和插入域】|【插入合并域】按

钮，选择"年级"；用相同的方法将光标定位到"班级"文字前插入"班级域"，并依次插入"姓名域""奖项域"。

（4）单击【预览结果】按钮，查看合并后的效果。

（5）单击【完成合并】|【编辑单个文档或打印文档】按钮。

邮件合并功能是 Word 2010 中一个非常特别的功能，它在很多时候都能派上用场。具体说来，邮件合并就是在文档的固定内容中，合并与发送信息相关的一组数据源，从而批量生成需要的邮件文档。

邮件合并过程需要执行以下步骤。

（1）设置主文档。主文档包含每封电子邮件中都相同的文本和图形，如公司的徽标或邮件正文。

（2）创建数据源。将电子邮件文档连接到地址列表。地址列表是 Word 在邮件合并中使用的数据源。它是一个文件，其中包含要向其发送邮件的电子邮件地址。

（3）调整收件人列表或项列表。Word 为地址列表中的每个电子邮件地址生成一封邮件。如果要只为地址列表中的某些电子邮件地址生成邮件，则可选择要包括的地址或记录。

（4）将称为邮件合并域的占位符添加到电子邮件文档中。在执行邮件合并时，在邮件合并域内填入地址列表中的信息。

（5）预览并完成合并。用户可在发送所有邮件前预览每封邮件。

一、主文档与数据源

1．主文档

主文档就是在邮件合并中具有相同合并要求的文档。如套用信函中的寄信人地址和称呼。

使用邮件合并功能制作一个格式统一但数据不同的录取通知书，内容按图 4-4-9 进行输入，并按要求打印出来，取名为"录取通知书"主文档。

2．数据源

数据源是包含要合并到文档中的信息的文件，如要在邮件合并中使用的名称和地址列表。只有连接到数据源，才能使用数据源中的信息。数据源必须是表格，第一行为域名即需要合并的内容；表格可以是 Word 表格或 Excel 表格。

二、应用邮件合并功能

（1）在【邮件】选项卡的【开始邮件合并】功能区中单击【开始邮件与合并】按钮，在弹出的下拉列表框中选择【邮件合并分步向导】命令。

（2）弹出【邮件合并】任务窗格 1，如图 4-4-10 所示。在【选择文档类型】中选中【信函】单选按钮，单击【下一步：正在启动文档】按钮。

（3）在【选择开始文档】中选中【使用当前文档】单选按钮，如图 4-4-11 所示，单击【下一步：选取收件人】按钮。

（4）在【选取收件人】项目中选中【键入新列表】单选按钮，如图 4-4-12 所示，单击【创建】按钮。

图 4-4-10　【邮件合并】任务窗格 1　　图 4-4-11　【邮件合并】任务窗格 2　　图 4-4-12　【邮件合并】任务窗格 3

（5）在图 4-4-13 所示的【新建地址列表】对话框中单击【自定义列】按钮。

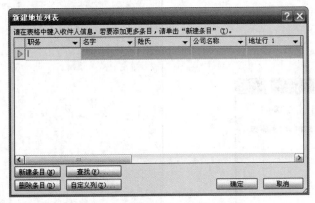

图 4-4-13　【新建地址列表】对话框

（6）打开图 4-4-14 所示的【自定义地址列表】对话框，在对话框中通过【添加】或【删除】按钮将数据源中的项目改为符合要求的域名。在此可添加【姓名】【分院】【专业】和【日期】，并通过【上移】或【下移】按钮将其调整到图 4-4-14 所示的位置。

（7）单击【确定】按钮，返回【新建地址列表】对话框，输入录取学生的信息，在完成每一个条目的输入后，单击【新建条目】按钮，增加新的条目。

（8）在地址列表编辑完成后，单击【关闭】按钮，在弹出的【保存通讯录】对话框中输入文件名，单击【保存】按钮之后自动打开图 4-4-15 所示的【邮件合并收件人】对话框，可在此对话框中对所录入的学生信息进行修改，单击【确定】按钮。

（9）在图 4-4-12 所示的【邮件合并】任务窗格 3 中，单击【下一步：撰写信函】按钮，在通知书正文中选中需要输入的【姓名】【分院】【专业】【日期】的位置，单击【其他项目】按钮，打开【插入合并域】对话框，如图 4-4-16 所示。选择对应的项目，单击【插入】按钮，生成图 4-4-17 所示的插入合并域后的效果。

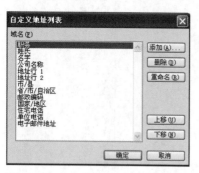

图 4-4-14 【自定义地址列表】对话框

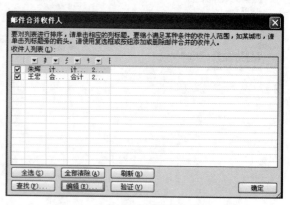

图 4-4-15 【邮件合并收件人】对话框

图 4-4-16 【插入合并域】对话框

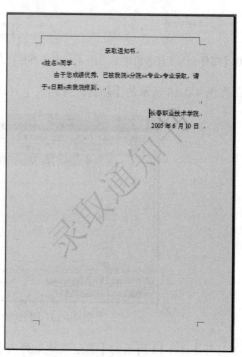

图 4-4-17 插入合并域后的效果

（10）关闭【插入合并域】对话框，并在【邮件合并】任务窗格中单击【下一步：预览信函】按钮。

（11）在【邮件合并】任务窗格中单击收件人旁的左或右按钮，预览生成的多个录取通知书，单击【下一步：完成合并】按钮。单击【邮件合并】任务窗格中的【编辑单个信函】|【合并到新文档】按钮，如图 4-4-18 所示，得到利用邮件合并生成的录取通知书。

（12）单击【预览结果】按钮，查看合并后的效果。单击【完成合并】按钮，在弹出的下拉列表框中选择【编辑单个文档或打印文档】命令即可。

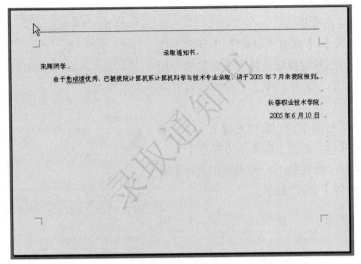

图 4-4-18　利用邮件合并生成的录取通知书

三、拓展与技巧

1.　用一页纸打印多个邮件

利用 Word 的"邮件合并"功能可以批量处理和打印文件。很多情况下邮件很短，只占几行的空间，但是，打印时也要用整页纸，导致打印速度慢，并且浪费纸张。造成这种结果的原因是每封邮件之间都有一个分节符，使下一封邮件被指定到另一页。怎样才能用一页纸打印多封短小的邮件呢？其实很简单，先将数据和文档合并到新建文档，再把新建文档中的分节符"＾b"全部替换成人工换行符"＾l"（注意此处是小写英语字母 l，不是数字 1）。具体做法是利用 Word 的【查找和替换】命令，在【查找和替换】对话框的【查找内容】框中输入"＾b"，在【替换为】框中输入"＾l"，单击【全部替换】按钮，此后即可在一页纸上打印出多个邮件。

2.　一次合并出内容不同的邮件

有时，需要给不同的收件人发送内容大体一致，但是有些地方有所区别的邮件。如寄给家长的"学生成绩报告单"，它根据学生总分不同，在不同的报告单中写上不同的内容，总分超过 290 分的学生，在报告单的最后写上"被评为学习标兵"，而对其他学生，报告单中则没有这一句。怎样用同一个主文档和数据源合并不同的邮件？这就要用到"插入 Word 域"，在邮件中需出现不同文字的地方插入"插入 Word 域"中的"if…then…else…"语句。以"学生成绩报告单"为例，具体做法是将插入点定位到该文档正文末尾，单击【编写和插入域】功能区中的【规则】按钮，在弹出的下拉列表框中选择【如果…那么…否则…】命令，在出现的对话框中填入相应的内容，单击【确定】按钮。有时可根据需要在两个文本框中写入不同的语句，这样就可以用一个主文档和一个数据源合并具有不同内容的邮件。

3.　公式编辑

在教学或考核过程中要使用试卷，特别是数学教师还要在试卷中输入各种数学公式，而许多专业的数学符号在 Word 文档中要借助"公式编辑器"来输入。

根据试卷的特点，设计页面布局以及固定格式的内容，按要求录入相应内容，保存为模板以备将来使用。具体步骤如下。

（1）新建一个空白文档。

（2）单击【插入】|【页眉或页脚】|【页眉】按钮。在页眉处输入"江苏财经职业技术学院数学专用纸"，选择相应的字形、字号，单击【关闭页眉或页脚】按钮。

（3）输入标题后按回车键，定位光标至"一、填空题"文字处按回车键。单击【插入】|【符号】|【公式】按钮，在图4-4-19所示的下拉列表框中选择【插入新公式】(或【内置】公式)命令。

（4）输入数学公式"1. 已知 $\lim\limits_{x \to 0} \dfrac{\sin kx}{x} = 2$ ，则

$k = \underline{\qquad}$ 。"

先输入"1. 已知"，单击【公式工具|设计】|【结构】|【极限和对数】中的"$\lim_{\square}$"按钮，单击下面的虚框输入"$x \to 0$"，单击右边的虚框，选择【分数】|【分数(竖式)】命令，输入分子"$\sin kx$"，分母"x"，将光标定位于分式右边并输入"$=2$，则 $k=\underline{\qquad}$ 。"下划线的输入方法是在英文输入状态下按"Shift+-"组合键。

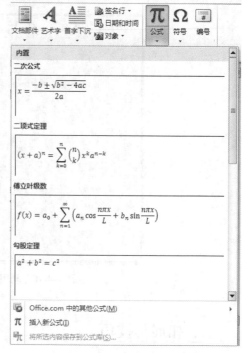

图4-4-19 【公式】选项列表框

4. 使用Word【域】插入公式

将光标定位到需要输入公式的位置，单击【插入】|【文本】|【文本部件】按钮，在弹出的下拉列表框中选择【域】命令，打开【域】对话框。如图4-4-20所示，在【类别】中选择【等式和公式】，【域名】选择【Eq】，单击【公式编辑器】按钮进入公式编辑界面。

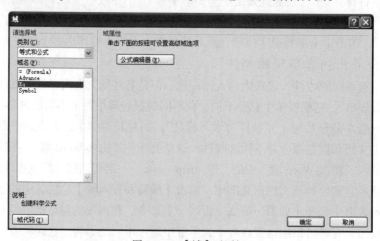

图4-4-20 【域】对话框

四、创新作业

（1）制作家长通知单，如图4-4-21所示。

温馨提示：邮件合并的步骤如图 4-4-22 所示。

① 建立主文档（即信函中不变的部分）。

② 建立数据源（可以先建立数据表格，在此处打开，如"学生成绩表"）。

③ 插入合并域（将数据源中的内容以域的形式插入到主文档中）。

（2）制作如下的数学试题。

① 函数 $y = x + 2\sin x$ 在区间 $\left[\dfrac{\pi}{2}, \pi\right]$ 上的最大值为_____。

② $\displaystyle\int_{-2}^{2} (|x| + x)\,\mathrm{e}^{-|x|}\,\mathrm{d}x = $ _____。

③ 计算二重积分 $I = \displaystyle\iint_{D} \mathrm{e}^{-y^2}\,\mathrm{d}x\,\mathrm{d}y$，其中 D 是由 $x=0$、$y=1$ 及 $y=x$ 所围成的区域。

④ 若 $f(x) = \begin{cases} \dfrac{1 - \mathrm{e}^{\sin x}}{\tan^{-1}\dfrac{x}{2}}, & x > 0 \\[2mm] a\mathrm{e}^{2x} - 1, & x \leqslant 0 \end{cases}$ 是 $(-\infty, +\infty)$ 上的连续函数，则 $a = $ _____。

⑤ 计算定积分 $\displaystyle\int_{0}^{1} \dfrac{\ln(1+x)}{(2-x)^2}\,\mathrm{d}x$。

图 4-4-21　家长通知单

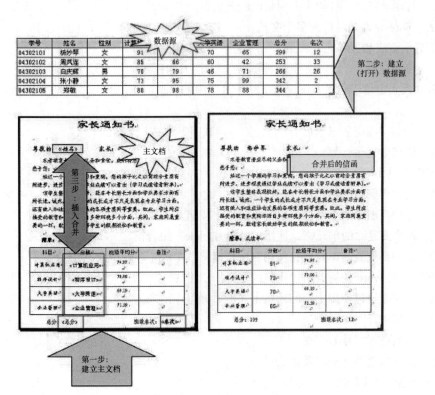

图 4-4-22　邮件合并的步骤

习题

一、选择题

1. 中文 Word 是（　　　）。

    A. 字处理软件　　　　B. 系统软件　　　　C. 硬件　　　　　D. 操作系统

2. 在 Word 的文档窗口中进行最小化操作（　　　）。

    A. 会将指定的文档关闭

    B. 会关闭文档及其窗口

    C. 文档的窗口和文档都没关闭

    D. 会将指定的文档从外存储器中读入，并显示出来

3. 用 Word 进行编辑时，要将选定区域的内容放到剪贴板上，可单击工具栏中的（　　　）。

    A. 剪切或替换　　　　　　　　　B. 剪切或清除

    C. 剪切或复制　　　　　　　　　D. 剪切或粘贴

4. 设置字符格式可用（　　　）。

    A.【开始】功能区中的相关图标　　　B.【常用】工具栏中的相关图标

    C.【格式】菜单中的【字体】选项　　D.【格式】菜单中的【段落】选项

5. 在使用 Word 进行文字编辑时，下列叙述中错误的是（　　　）。

    A. Word 可将正在编辑的文档另存为一个纯文本（TXT）文件

    B. 使用【文件】选项卡中的【打开】命令可以打开一个已存在的 Word 文档

    C. 打印预览时，打印机必须是已经开启的

    D. Word 允许同时打开多个文档

6. 能显示页眉和页脚的方式是（　　　）。

    A. 普通视图　　　　B. 页面视图　　　　C. 大纲视图　　　　D. 全屏幕视图

7. 将插入点定位于句子"飞流直下三千尺"中的"直"与"下"之间，按"Delete"键，则该句子（　　　）。

    A. 变为"飞流下三千尺"　　　　　　B. 变为"飞流直三千尺"

    C. 整句被删除　　　　　　　　　　D. 不变

8. 要删除单元格，正确的是（　　　）。

    A. 选中要删除的单元格，按"Delete"键

    B. 选中要删除的单元格，单击【剪切】按钮

    C. 选中要删除的单元格，使用"Shift+Delete"组合键

    D. 选中要删除的单元格，使用右键快捷菜单中的【删除单元格】命令

9. 下列中文 Word 的特点描述正确的是（　　　）。

    A. 一定要通过使用【打印预览】才能看到打印出来的效果

    B. 不能进行图文混排

    C. 不能进行字号的改变

    D. 无法检查英文拼写及语法错误

10. 新建 Word 文档的组合键是（　　　）。

    A. "Ctrl+N"　　　　B. "Ctrl+O"　　　　C. "Ctrl+C"　　　　D. "Ctrl+S"

11. 下面对 Word 编辑功能的描述中（　　　）是错误的。

　　A. Word 可以开启多个文档编辑窗口

　　B. Word 可以将多种格式的系统时期、时间插入到插入点位置

　　C. Word 可以插入多种类型的图形文件

　　D. 使用【编辑】选项卡中的【复制】命令可将已选中的对象拷贝到插入点位置

12. Word 在编辑一个文档完毕后，要想知道它打印后的结果，可使用（　　　）功能。

　　A. 打印预览　　　　B. 模拟打印　　　　C. 提前打印　　　　D. 屏幕打印

13. 在 Word 中，若要删除表格中的某单元格所在行，则应选择【删除单元格】对话框中的（　　　）。

　　A. 右侧单元格左移　　　　　　　　B. 下方单元格上移

　　C. 整行删除　　　　　　　　　　　D. 整列删除

14. 进入 Word 编辑状态后，在中文状态下，进行中文标点符号与英文标点符号之间切换的组合键是（　　　）。

　　A. "Shift+空格"　　B. "Shift+Ctrl"　　C. "Shift+."　　D. "Ctrl+."

15. 在 Word 文档编辑区中，将光标定位在某一字符处连续单击鼠标左键 3 次，将选取该字符所在的（　　　）。

　　A. 一个词　　　　B. 一个句子　　　　C. 一行　　　　D. 一个段落

16. 在 Word 的【常用】工具栏中，【格式刷】按钮具有排版功能，为了多次复制同一格式可以（　　　）【格式刷】按钮。

　　A. 单击　　　　B. 右击　　　　C. 左击　　　　D. 双击

17. 某同学正在用 Word 撰写毕业论文，要求只能以 A4 规格的纸输出，他在打印预览中发现最后一页只有一行，于是想把这一行提到上一页，最好的办法是（　　　）。

　　A. 改变纸张大小　　　　　　　　　B. 增大页边距

　　C. 减小页边距　　　　　　　　　　D. 把页面方向改为横向

18. Word 中，表格拆分指的是（　　　）。

　　A. 从某两行之间把原来的表格分为上下两个表格

　　B. 从某两列之间把原来的表格分为左右两个表格

　　C. 从表格的正中间把原来的表格分为两个表格，方向由用户指定

　　D. 在表格中由用户任意指定一个区域，将其单独存为另一个表格

二、填空题

1. 第一次启动 Word 后系统自动建立一空白文档名为_____。

2. 选定内容后，单击【剪切】按钮，则选定的内容被转移到_____上。

3. 将文档分为左右两个版面的功能称为_____，将段落的第一个字放大突出显示的功能称为_____。

4. 每段文字与页面左边界的距离称为_____，而第一行开始相对于第二行左侧的偏移量称为_____。

5. 当执行了误操作后，可以单击_____按钮撤销当前操作，还可以从列表多次撤销或恢复多次撤销的操作。

6. Word 表格由若干行、若干列组成，行和列交叉的地方称为_____。

三、判断题

1. Word 中不能插入剪贴画。（　　　）

2. 插入艺术字既能设置字体，又能设置字号。（　　　）

3. 页边距可以通过标尺设置。（　　　）

4. 如果需要对文本格式化，则必须先选择被格式化的文本，然后再对其进行操作。（　　　）

5. 页眉与页脚一经插入，就不能修改了。（　　　）

6. 对当前文档最多可分为 3 栏。（　　　）

7. 使用"Delete"命令删除的图片，可以粘贴回来。（　　　）

8. Word 中插入的图片不能进行放大和缩小。（　　　）

9. 在 Word 中可以通过在最后一行的行末按下"Tab"键的方式在表格末添加一行。（　　　）

四、操作题

1. 打开"考生"文件夹下的 Word 文档"WORD1.docx"，其内容如下。

【"WORD1.docx"文档开始】

人生要学会遗忘

人生在世，忧虑与烦恼有时也会伴随着欢笑与快乐，正如失败伴随着成功。如果一个人的脑子里整天胡思乱想，把没有价值的东西也存在头脑中，那他或她总会感到前途渺茫，人生有很多的不如意。所以，我们很有必要对头脑中储存的东西进行及时清理，把该保留的保留下来，把不该保留的予以抛弃。那些给人带来诸方面不利的因素，实在没有必要过了若干年还回味或耿耿于怀。这样，人才能过得快乐、洒脱一点。

众所周知，在社会这个大家庭里，你要想赢得别人的尊重，首先你必须尊重别人，多记住别人的优点，而学会遗忘别人的过失。其次，一个人要学会遗忘自己的成绩。有些人稍微有了一点成绩就骄傲起来，沾沾自喜，这显然是造成失败的原因之一。成绩只是过去，要一切从零开始，那样才能跨越人生新的境界。同时，一个人应该将自己对他人的帮助视为一件微不足道的小事，以至于遗忘。这样，你的处事之道才能获得他人的赞许。

人生需要反思，需要不断总结教训，发扬优点，克服缺点。要学会遗忘，用理智过滤去自己思想上的杂质，保留真诚的情感，它会教你陶冶情操。只有善于遗忘，才能保留人生最美好的回忆。

【"WORD1.docx"文档结束】

按要求对文档进行编辑、排版和保存。

（1）将标题段（"人生要学会遗忘"）的所有文字设置为三号、黄色、加粗、居中并添加蓝色底纹、黑体。

（2）将正文各段文字（"人生在世……保留最美好的回忆。"）设置为五号、楷体，首行缩进 2 字符，段前间距 1 行。

（3）将正文第二段（"众所周知……获得他人的赞许。"）分为等宽的两栏，栏宽为 18 字符。

（4）在页面底端（页脚）居中位置插入页码。

（5）设置上、下页边距各为 3 厘米。

2. 打开"考生"文件夹下的 Word 文档"WORD2.docx"，其内容如下。

【"WORD2.docx"文档开始】

世界各地区的半导体生产份额（2000 年）

年份	美国	日本	欧洲	亚太
1980 年	58%	27%	15%	0%

1985 年	46%	42%	11%	1%
1990 年	39%	46%	11%	3%
1995 年	40%	40%	8%	12%
1998 年	54%	28%	10%	8%

【"WORD2.docx"文档结束】

按要求完成下列操作并原名保存。

（1）将标题段"世界各地区的半导体生产份额（2000 年）"设置为小四号、红色、仿宋_GB2312且居中；将文中后 6 行文字转换为一个 6 行 5 列的表格。

（2）将表格内容居中，并设置表格框线为 0.75 磅、红色、双窄线。

3. 打开"考生"文件夹下的 Word 文档"WORD3.docx"，其内容如下。

【"WORD3.docx"文档开始】

运动员的隐士

运动员的项目不同，对隐士的需求也不同。

体操动作复杂多变，完成时要求技巧、协调及高度的速率，另外为了保持优美的体形和动作的灵巧性，运动员的体重必须控制在一定范围内。因此，体操运动员的隐士要精，脂肪不宜过多，体积小，发热量高，维生素 B_1、维生素 C、磷、钙和蛋白质供给要充足。

马拉松属于有氧耐力运动，对循环、呼吸机能要求较高，所以要保证蛋白质、维生素和无机盐的摄入，尤其是铁的充分供应，如多吃蛋黄、动物肝脏、绿叶菜等。

游泳由于在水中进行，肌体散热较多，代谢程度也大大增加，所以食物中应略微增加脂肪比例。短距离游泳时要求速度和力量，膳食中要增加蛋白质含量；长距离游泳要求较大的耐力，膳食中不能缺少糖类物质。

【"WORD3.docx"文档结束】

（1）将文中所有错误的词"隐士"替换为"饮食"；将标题段"运动员的饮食"设置为红色、三号、阴影、黑体、居中并添加蓝色底纹。

（2）将正文第四段文字（"游泳……糖类物质。"）移至第三段文字（"马拉松……绿叶菜等。"）之前；将正文各段文字（"运动员的项目不同……绿叶菜等。"）设置为五号、楷体；各段落左右各缩进 1.5 字符，首行缩进 2 字符。

单元 5

Excel 2010 电子表格

任务一　Excel 2010 基本操作

　　张同学来到大华科技有限公司上班，公司领导为了掌握企业员工信息，安排他制作一份职员信息表，内容有编号、姓名、参加工作时间、所属部门和职务。张同学利用 Excel 2010 制作了比较详细的企业员工信息表，如图 5-1-1 所示。

	A	B	C	D	E	F	G
1	大华科技有限公司职员信息表						
2	编号	姓名	性别	参加工作时间	所属部门	职务	
3	XH1001	刘丽	女	1994-7-6	办公室	经理	
4	XH1002	李好	女	1995-9-13	办公室	职员	
5	XH1003	张家英	女	2006-7-2	办公室	职员	
6	XH1004	林业年	男	1997-1-2	人事部	经理	
7	XH1005	薛越	男	2000-2-1	销售部	经理	
8	XH1006	李鹏	男	1998-3-23	销售部	主管	
9	XH1007	王朝	男	2001-12-23	销售部	职员	
10	XH1008	张月	女	2000-2-3	人事部	职员	
11	XH1009	许多多	女	1994-2-1	财务部	经理	
12	XH1010	林侍	女	1992-3-24	生产部	职员	
13	XH1011	林佳	女	2001-5-24	技术部	职员	
14	XH1012	丁山	男	1996-2-3	销售部	职员	
15	XH1013	许天成	男	1995-5-3	生产部	职员	
16	XH1014	王丹丹	女	2001-5-2	技术部	职员	
17	XH1015	李胜	男	1992-5-3	生产部	职员	
18	XH1016	陈济南	男	1997-7-12	生产部	主管	
19	XH1017	冯直	男	2000-2-12	技术部	职员	
20	XH1018	叶洁	女	1996-8-2	生产部	职员	
21	XH1019	李岚	女	1998-2-4	生产部	职员	
22							

图 5-1-1　企业员工信息表

　　Excel 2010 电子表格作为 Microsoft 公司 Office 2010 办公组件之一，以二维工作表单的形式组织数据。它除了对表中的数据进行版面的设计之外，还可对表中数据进行快捷、全面的计算处理。

本情境以制作企业员工信息表为载体，介绍 Excel 2010 基本操作、数据录入及格式化、工作簿的多表操作及数据的编辑等知识。

对本情境任务的分析如下。

（1）工作簿整体设置，包括工作簿的创建及保存、添加工作表、重命名工作表、更改标签颜色和页面设置等。

（2）信息表内容页制作，包括行、列、单元格区域的选择及插入方法，行高、列宽的调整，数据录入及格式化，日期数据格式的设置，表格的合并及拆分，表格边框和底纹以及序列填充等。

任务实现方法如下。

1. 启动和退出 Excel 2010

安装 Excel 2010 程序后，可通过以下两种方法启动程序，类似于 Word 的启动。

（1）依次选择【开始】|【所有程序】| Microsoft Office | Microsoft Excel 2010 命令，启动 Excel 2010。

（2）创建一个 Excel 桌面快捷方式，双击快捷方式可以启动。

另外，双击现有的 Excel 2010 文档，也可以启动 Excel 2010 程序，同时打开该文档。如果需要新建文档，则可以选择【新建】命令。

退出 Excel 2010 程序有如下几种方法。

（1）单击【文件】选项卡中的【退出】按钮。

（2）单击标题栏右端的【关闭】按钮 ✕ 。

（3）将鼠标指针放置在标题栏上右键单击，从弹出的快捷菜单中选择【关闭】命令。

（4）通过"Alt+F4"组合键关闭。

2. Excel 2010 的工作界面

Excel 2010 的工作界面主要包括标题栏、工具栏、数据编辑区、滚动条、工作表选项卡和状态栏等。

（1）数据编辑区。数据编辑区如图 5-1-2 所示。其中各项内容介绍如下。

图 5-1-2　数据编辑区

【名称框】：用来显示当前的活动单元格或单元格区域的地址。

【取消】按钮：单击【取消】按钮将取消数据的输入或编辑，同时当前活动单元格中的内容也随之消失。

【输入】按钮：单击【输入】按钮将结束数据的输入或编辑，同时将数据存储在当前单元格内。

【编辑栏】：用于输入或编辑数据，数据同时显示在当前活动单元格中。

【插入函数】按钮：单击【插入函数】按钮即可执行插入函数的操作。

（2）工作表选项卡。工作表选项卡用于显示一个工作簿中的各个工作表的名称。单击不同工作表的名称，可以切换到不同的工作表。当前工作表以白底显示，其他工作表以浅蓝色底纹显示。

（3）状态栏。状态栏位于窗口的最底部，用于显示执行过程中的操作或命令信息。

3. 工作簿与工作表

工作簿与工作表是两个不同的概念，一个工作簿可以包含多个工作表。

（1）工作簿。在 Excel 中一个文件即为一个工作簿，一个工作簿由一个或多个工作表组成。工作簿窗口包括工作表区、工作表标签、标签滚动按钮、滚动条等。Excel 启动时会自动产生一个新的工作簿。在默认情况下，Excel 为每个工作簿创建 3 张工作表，标签名分别为"Sheet 1""Sheet 2"

"Sheet 3"，可分别用来存放如学生名册、教师名册、学生成绩等相关信息。

（2）工作表。打开 Excel 2010 时，首先映入眼帘的工作画面就是工作表，工作表是 Excel 完成工作的基本单位，可以在其中输入字符串（包括汉字）、数字、日期、公式、图表等丰富的信息。工作表由多个按行和列排列的单元格组成，在工作表中输入内容之前首先要选中单元格，每张工作表有一个工作表标签与之对应（如 "Sheet 1"），用户可以直接单击工作表标签名来切换当前工作表。

（3）单元格。单元格是 Excel 工作簿的最小组成单位，在单元格内可以存放简单的字符或数据，单元格可通过地址来标识，即一个单元格可以用列号（列标）和行号（行标）来标识，如 B2。

4. 创建工作簿

（1）新建工作簿。要用 Excel 来存储数据就要先新建一个工作簿，创建工作簿的方法与创建 Word 文档的方法类似。在【文件】选项卡中单击【新建】按钮，弹出【可用模板】面板，在模板列表框中选择模板类型，选择模板，再单击【创建】按钮即可。

（2）打开已有的工作簿。

方法 1：通过【文件】选项卡打开，操作步骤如下。

在【文件】选项卡中单击【打开】按钮，弹出【打开】对话框，在左侧列表框中选择要打开的文件的具体位置，选中要打开的文件，再单击【打开】按钮即可。

方法 2：使用快捷方式打开，操作步骤如下。

单击快速访问工具栏的【打开】按钮，如图 5-1-3 所示，弹出【打开】对话框，在左栏列表框中选择要打开的文件的具体位置，选中要打开的文件，单击【打开】按钮即可。

图 5-1-3　单击【文件】选项卡

方法 3：双击工作簿文件。

5. 输入数据

工作簿建立后就可以在工作表中输入数据。在 Excel 工作表的单元格中可以输入文本、数字、日期等。

（1）文本输入。单击要输入文本的单元格，输入文本，输入的字符不受单元格大小的限制。输入数据后按下 "Enter" 键，黑色边框自动跳到同列的下一行单元格上。

（2）数字输入。输入数字时，只要选中需要输入数字的单元格，按下键盘上的数字键即可。

（3）日期输入。输入日期时可以使用斜线（/）、连字符（-）、文字或者它们的组合。输入日期有很多种方法，如果输入的日期格式与默认的格式不一致，Excel 会把它转换成默认的日期格式。例如输入 "2007 年 3 月 18 日"，可以输入如下形式的日期。

07/3/18	07-3-18	07-3-18	07/3-18
2007/3/18	2007-3-18	2007-3/18	2007/3-18

6. 保存工作簿

保存工作簿是非常重要的操作之一。用户在工作过程中应随时保存文件，以免因意外事故造成不必要的损失。保存工作簿的方法主要有以下几种。

方法 1：在操作过程中随时单击工具栏上的【保存】按钮 🖫 。

方法 2：在【文件】选项卡中单击【保存】按钮可以保存工作簿。

方法 3：在【文件】选项卡中单击【另存为】按钮可以保存工作簿。对于尚未保存过的工作簿，将会打开【另存为】对话框，用户需在其中指定文件名称及保存文件的位置，然后单击【保存】按钮即可保存文件。

方法 4：按 "Ctrl+S" 组合键。

本节主要介绍工作表格式化的相关内容，包括调整表格的列宽与行高、对齐数据项及合并单元格、格式化表格的文本、设置边框和底纹的图案与颜色等。通过这些格式设置，可以美化工作表，还可以突出重点数据。

一、调整表格的列宽与行高

1. 调整列宽

当输入数据的长度长于列宽的时候，就需要对单元格的列宽进行调整，可用下列方法调整表格的列宽。

（1）通过【开始】选项卡调整列宽，具体方法如下。

打开工作表，选择要调整列宽的列，在【开始】选项卡的【单元格】功能区中单击【格式】按钮，在下拉列表框中选择【列宽】命令，在弹出的【列宽】对话框中输入适当的列宽值，单击【确定】按钮。

（2）通过拖动的方法调整列宽，具体方法如下。

打开工作表，将鼠标指针移动到需要调整列宽的列号右边框，直到出现图 5-1-4 所示的形状，按住鼠标左键不放，拖动列边框到适当的位置释放鼠标左键。

图 5-1-4　用鼠标调整列宽

2. 调整行高

系统默认单元格的行高是 19 个像素，如输入数据的高度超出这个高度，则可适当调整行高。方法与调整列宽相似，这里不再赘述。

二、设置字体格式

【字体】功能区提供了 Excel 2010 中修饰文字的方法。打开工作表，选中要进行设置的单元格，在【开始】选项卡的【字体】功能区中单击【字体】旁的对话框启动器 按钮，在【字体】选项卡中对【字体】【字形】【字号】进行设置，在【颜色】下拉列表框中选择一种颜色，如图 5-1-5 所示。

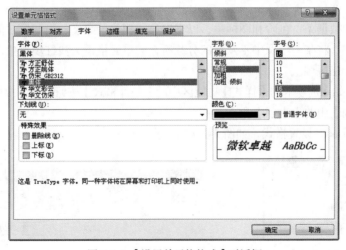

图 5-1-5　【设置单元格格式】对话框

三、设置对齐方式

默认情况下，在单元格中，数字是右对齐，文本是左对齐。在制表时，往往要改变这一默认格式，如设置居中、跨列居中等。

使用【开始】选项卡的【对齐方式】功能区中的工具按钮可以设置数据在单元格中的对齐方式、文本方向、缩进量和换行方式等格式。【对齐方式】功能区中各工具的功能说明如下。

顶端对齐、垂直居中、底端对齐：用于设置数据在单元格中的垂直对齐方式。

文本左对齐、居中、文本右对齐：用于设置数据在单元格中的水平对齐方式。

方向：用于沿对角线或垂直方向旋转文字，通常用于标记较窄的列。

自动换行：可通过多行显示使单元格中的所有内容可见。

合并后居中：用于将所选的多个单元格合并成一个较大的单元格，并将单元格的内容居中显示。

四、自动套用格式或模板

为了提高工作效率，Excel 提供了多种专业报表格式及单元格格式供用户选择，用户可以通过套用这些格式对工作表进行设置，以大大节省用于格式化工作表的时间。

选择了包含所需数据的单元格区域后，在【开始】选项卡的【样式】功能区中单击【套用表格样式】按钮，在弹出的下拉列表框中单击所需样式的图表，打开图 5-1-6 所示的【套用表格式】对话框，单击【确定】按钮即可。如果没有事先选择单元格区域，可单击【表数据的来源】文本框右侧的【折叠】按钮，折叠对话框，然后在工作表中选择要套用表样式的区域，此区域地址便会显示在【表数据的来源】文本框中，再次单击【折叠】按钮展开对话框，最后单击【确定】按钮。

用户也可以使用模板创建工作簿。

单击【文件】选项卡中的【新建】按钮，在弹出的面板中单击模板按钮，选择模板并建立工作簿文件。

五、条件格式

根据条件使用数据条、色阶和图标集，以突出显示相关单元格、强调异常值以及实现数据的可视化效果。例如，将某一门课中不及格的分数所在的单元格设为浅红填充色以及深红色文本。

（1）选择单元格区域。

（2）单击【开始】选项卡的【样式】功能区中的【条件格式】按钮，在下拉列表框中选择【突出显示单元格规则】中的【小于】命令。

（3）输入数值 60，设置格式，如图 5-1-7 所示。

图 5-1-6 【套用表格式】对话框

图 5-1-7 【小于】对话框

六、拓展与技巧

1. 选中单元格

单元格是工作表的最小组成单位，在单元格内可以输入文字、数字与字符等信息。对单元格进行操作之前，必须先选择单元格。

（1）选中单个单元格

方法 1：直接在单元格上单击，就能选中单元格，被选中的单元格周围会出现黑色的边框。

方法 2：如果要选择的特定单元格没有出现在当前屏幕中，则可以在【名称】文本框中输入需要选择的单元格地址，再按"Enter"键即可，如图 5-1-8 所示。

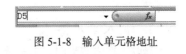

图 5-1-8　输入单元格地址

（2）选择整行。选择整行只要在工作表上单击该行的行号即可。如要选中第 3 行，只要将鼠标指针放在第 3 行的行号【3】上，此时鼠标指针变成黑色的小箭头，单击即可。

（3）选择单元格区域。单元格区域是指由多个相邻的单元格构成的矩形区域，用户可以选择一个单元格区域或多个不相邻的单元格区域。

选择单元格区域的方法有两种：一是拖动法，二是在【名称】框中输入。

① 将鼠标指针指向第一个单元格（如 A3），按住鼠标左键向右下角拖动，当选中区域包含所有待选的单元格时释放鼠标左键即可，选中的单元格区域会以灰色显示。按"Ctrl"键可选择多个不相邻的单元格区域。

② 在【名称】框中输入"A3:G6"，按"Enter"键即可选中单元格区域。

（4）选择全部单元格。单击左上角的【全选】按钮或按快捷键"Ctrl+A"。

2. 移动、复制单元格

移动单元格数据是指将单元格中的数据移至其他单元格中；复制单元格或区域数据是指将某个单元格或区域的数据复制到指定的位置，在另一个位置创建一个备份，原来位置的数据仍然存在。

（1）使用剪贴板进行移动和复制。

选中要移动数据的单元格或区域，单击工具栏上的【复制】按钮，这时在该区域四周会出现流动的虚线框。

选中目标单元格，如果被复制的是一个区域，则选择的单元格是目标区域左上角的单元格，单击工具栏中的【粘贴】按钮，就可以将要复制的内容粘贴过来，而流动的虚线框并不消失。

（2）使用鼠标进行移动和复制。

如果要移动或复制的源单元格和目标单元格相距较近，直接使用拖放的方法就可以移动或复制移动数据。

根据需要，数据的移动或复制有两种方式：一种是覆盖式，即改写式，用这种方式可以将目标位置单元格内的内容全部替换为新内容；另一种是插入式，用这种方式则会将新内容插入到相应位置，而将原来的内容右移或下移，下面从 4 个方面来讲解。

① 覆盖式移动。选中单元格或区域，将鼠标指针移动到所选择区域的边框上，当鼠标指针变成形状时，按下鼠标左键并拖动区域到新的位置即可。

② 覆盖式复制。选中要复制数据的单元格或区域，将鼠标指针移动到所选区域的边框上，

按住"Ctrl"键，鼠标指针右上方出现一个"+"号，拖动鼠标指针到指定位置并释放鼠标左键，此时进行的是复制操作，而不是移动。

③ 插入式移动。如果需要将单元格区域的数据移动和复制到其他单元格，而不是覆盖目标单元格区域中的数据，可以使用插入方式来移动复制数据。

选择单元格或区域，拖动其边框的同时按住"Shift"键，这时单元格或区域跟随鼠标指针的移动，其边框变成一个倒"I"型的虚柱，将其拖动到要插入的位置，释放鼠标左键即可将单元格或区域的内容移动到指定位置。

④ 插入式复制。如果要进行插入式复制，方法同上，只是拖动鼠标指针的时候要按"Shift+Ctrl"组合键。

3. 插入单元格

修改工作表数据时，可在表中添加一个空行、一个空列或是若干个单元格，而表格中已有的数据会按照指定的方式迁移，自动完成表格空间的调整。

（1）右键单击插入单元格。在要插入单元格的位置上右键单击，在弹出的快捷菜单中选择【插入】命令，弹出【插入】对话框，选中【活动单元格右移】单选按钮，如图5-1-9所示。单击【确定】按钮，单元格右边的各个单元格依次向右移动一个单元格。

图5-1-9 【插入】对话框

（2）工具栏插入单元格。选中要插入单元格的位置右侧的单元格，在【开始】选项卡的【单元格】功能区中，单击【插入】下拉按钮，在其下拉菜单中选择【插入单元格】命令。在弹出的【插入】对话框中选中【活动单元格右移】单选按钮。

4. 清除单元格

清除单元格是将单元格或区域中的数据完全清除，单元格或区域还保留在原位置。

选中要清除数据的单元格或区域，在【开始】选项卡的【编辑】功能区中单击【清除】按钮，在其下拉菜单中选择【全部清除】【清除格式】【清除内容】【清除批注】【清除超链接】【删除超链接】等命令。

5. 删除单元格

删除单元格是将选中的单元格或区域及其中的数据一同删除，其位置被其他单元格或区域代替。

选中要删除的单元格或区域，在【开始】选项卡的【单元格】功能区中，单击【删除】下拉按钮，在其下拉菜单中选择【删除单元格】命令，如图5-1-10所示。

弹出【删除】对话框，选中【右侧单元格左移】单选按钮，单击【确定】按钮，如图5-1-11所示。

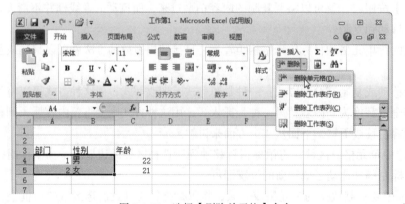

图5-1-10 选择【删除单元格】命令

图5-1-11 【删除】对话框

结果如图 5-1-12 所示，该操作不仅将所选单元格区域内的数据删除，而且将这几个单元格也删除了，右边区域的内容移动到被删除的区域中。

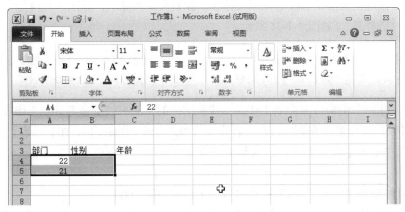

图 5-1-12　删除单元格后的效果

6.　插入工作表

插入工作表有以下几种方法。

（1）通过【插入工作表】命令添加工作表。打开 Excel 文档，选中"Sheet 1"工作表，在【开始】选项卡的【单元格】功能区中单击【插入】按钮，从下拉菜单中选择【插入工作表】命令，就可以在"Sheet 1"工作表前插入一个新的工作表"Sheet 4"。

（2）通过快捷菜单命令插入工作表。

① 打开 Excel 文档，在"Sheet 1"工作表标签上右键单击，在弹出的快捷菜单中选择【插入】命令。

② 在弹出的【插入】对话框中切换到【常用】选项卡，选择【工作表】选项，如图 5-1-13 所示，单击【确定】按钮就可以在"Sheet 1"工作表前插入一个新的工作表了。

图 5-1-13　【常用】选项卡

（3）使用工作表标签上的【插入工作表】按钮。

（4）使用快捷键"Shift+F11"。

7.　重命名工作表

Excel 工作簿中的工作表名称默认为"Sheet 1""Sheet 2""Sheet 3"……这样不方便记忆和进

行有效的管理，下面介绍重命名工作表。

（1）直接重命名工作表。

① 打开工作簿，双击要修改的工作表标签，标签会反黑显示，如图 5-1-14 所示。

② 输入"销售部"，如图 5-1-15 所示。

图 5-1-14　双击"Sheet 1"工作表标签	图 5-1-15　输入"销售部"

③ 按下"Enter"键即可重命名工作表，按照同样的方法可以重命名其他工作表。

（2）通过菜单重命名工作表。打开工作簿，选中工作表"Sheet 1"，在【开始】选项卡的【单元格】功能区中单击【格式】按钮，从其下拉菜单中选择【重命名工作表】命令，如图 5-1-16 所示。

输入"销售部"，按下"Enter"键即可重命名选中的工作表。

（3）通过快捷菜单重命名。右键单击工作表，从弹出的快捷菜单中选择【重命名】命令。

8. 移动、复制工作表

（1）在同一工作簿中移动或复制工作表。

① 移动工作表。选中工作表后，拖动标签至合适的位置后放开。

② 复制工作表。选中工作表后，按住"Ctrl"键，按下鼠标左键不放，拖动标签到合适的位置再放开。

（2）在不同工作簿中移动或复制工作表。

打开工作簿，选中需要移动或复制的工作表，如选择"秘书处"，在【开始】选项卡的【单元格】功能区中单击【格式】按钮，在其下拉菜单中选择【移动或复制工作表】命令，弹出【移动或复制工作表】对话框，在【下列选定工作表之前】列表中选择需移动或复制的位置，这里选择【移至最后】，并在【工作簿】下拉列表框中选择"公司人员登记表.xlsx"，如图 5-1-17 所示。

图 5-1-16　选择【重命名工作表】命令

图 5-1-17　【移动或复制工作表】对话框

单击【确定】按钮，这样"秘书处"就从"公司员工档案"工作簿中移到"公司人员登记表"工作簿中了。

勾选【建立副本】复选项表示复制工作表，否则是移动工作表。

9. 删除工作表

删除工作表和添加工作表是相对应的，如果插入的工作表太多，或者有些工作表的内容已经不需要了，都可以选择删除工作表。删除工作表的具体操作步骤如下。

（1）打开工作簿，选中要删除的工作表。

（2）在【开始】选项卡的【单元格】功能区中单击【删除】按钮，从其下拉菜单中选择【删除工作表】命令。

（3）对出现的警告信息可以根据需要进行选择，若单击【删除】按钮，则系统将删除工作表，否则不会删除。

10. 显示、隐藏工作表

在参加会议或演讲等活动时，若不想表格中的重要数据外泄，可将数据所在的工作表隐藏，等到需要时再将其显示。

（1）隐藏工作表。隐藏工作表的具体操作步骤如下。

① 打开工作簿，选中需要隐藏的工作表，如选中"秘书处"工作表。

② 在【开始】选项卡的【单元格】功能区中单击【格式】按钮，然后在其下拉菜单中依次选择【可见性】|【隐藏和取消隐藏】|【隐藏工作表】命令，如图 5-1-18 所示，这样"秘书处"工作表就被隐藏起来了。隐藏后的效果如图 5-1-19 所示，在工作表标签中看不到"秘书处"工作表了。

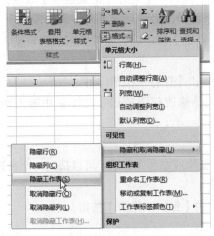

图 5-1-18　选择【隐藏和取消隐藏】命令

图 5-1-19　隐藏后的效果

（2）取消隐藏工作表。隐藏了工作表之后，如果需要显示被隐藏的工作表，可以进行以下操作。

① 打开"公司员工档案"工作簿文件，单击【格式】按钮，在其下拉菜单中依次选择【可见性】|【隐藏和取消隐藏】|【取消隐藏工作表】命令。

② 在弹出的【取消隐藏】对话框中选择需要显示的工作表，如图 5-1-20 所示。

③ 单击【确定】按钮，被隐藏的工作表就显示出来了，如图 5-1-21 所示。

11. 保护工作簿和工作表

（1）保护工作簿。保护工作簿有两种方法。

方法 1：保护工作簿的访问权限。

① 打开工作簿，单击【文件】选项卡中的【另存为】按钮，打开【另存为】对话框。

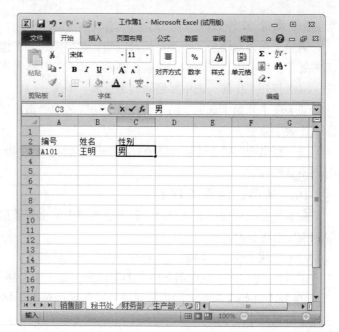

图 5-1-20 【取消隐藏】对话框　　　　　　　图 5-1-21　显示"秘书处"工作表

② 单击【另存为】对话框中的【工具】按钮，并在下拉列表中选择【常规选项】命令，打开【常规选项】对话框。

③ 在【打开权限密码】文本框中输入密码，单击【确定】按钮后，软件要求用户再输入一次密码，以便确认。

④ 单击【确定】按钮，返回到【另存为】对话框，单击【保存】按钮即可。

若要限制修改工作簿，则在【常规选项】对话框的【修改权限密码】文本框中输入密码即可。

方法 2：保护工作簿的结构。

为防止对工作簿的结构进行不必要的更改，如移动、删除或添加工作表。可以指定一个密码，输入此密码可取消对工作簿的保护，并允许进行上述更改。

操作方法：单击【审阅】选项卡的【更改】功能区中的【保护工作簿】按钮。

（2）保护工作表。

① 选择要保护的工作表。

② 在【审阅】选项卡的【更改】功能区中单击【保护工作表】按钮，出现【保护工作表】对话框。

③ 勾选【保护工作表及锁定的单元格内容】复选框，在【允许此工作表的所有用户进行】下提供的选项中选择允许用户操作的项，可以键入密码，单击【确定】按钮。

12．窗口拆分和冻结

（1）拆分窗口。

方法 1：将鼠标指针指向水平或垂直滚动条上的拆分条，当鼠标指针变成双箭头时，沿箭头方向拖动鼠标到适当的位置，放开鼠标即可。

方法 2：单击要拆分的行或列，单击【视图】选项卡【窗口】功能区中的【拆分】按钮，一个窗口便被拆分为两个窗格（若单击某一单元格，则窗口拆分为 4 个窗格）。

（2）冻结窗口。冻结第 1 行的方法：选定第 2 行，在【视图】选项卡的【窗口】功能区中单击【冻结窗格】按钮，在其下拉菜单中选择【冻结拆分窗格】命令。

冻结前两行的方法：选定第 3 行，在【视图】选项卡的【窗口】功能区中单击【冻结窗格】按钮，在其下拉菜单中选择【冻结拆分窗格】命令。

冻结第 1 列的方法：选定第 2 列，在【视图】选项卡的【窗口】功能区中单击【冻结窗格】按钮，在其下拉菜单中选择【冻结拆分窗格】命令。

七、创新作业

（1）自制一张课程表，要求运用序列填充星期并美化工作表（风筝、萤火虫、每一朵花瓣，都会到达自己喜欢的地方）。

（2）用自动填充的方法填出图 5-1-22 所示样表的各个序列。

	G12		=				
	A	B	C	D	E	F	G	H
1	序1	序2	序3	序4	序5	序6	序7	序8
2	1	12	8	一	3月4日	4月2日	02:10	正月
3	2	16	4	二	3月7日	6月2日	02:12	二月
4	3	20	2	三	3月10日	8月2日	02:14	三月
5	4	24	1	四	3月13日	10月2日	02:16	四月
6	5	28	0.5	五	3月16日	12月2日	02:18	五月
7	6	32	0.25	六	3月19日	2月2日	02:20	六月
8	7	36	0.125	日	3月22日	4月2日	02:22	七月
9	8	40	0.0625	一	3月25日	6月2日	02:24	八月
10	9	44	0.0313	二	3月28日	8月2日	02:26	九月
11	10	48	0.0156	三	3月31日	10月2日	02:28	十月
12								
13	序9	序10	序11	序12	序13	序14		
14	子	星期一	东	科室1	高一	第一季		
15	丑	星期二	南	科室2	高二	第二季		
16	寅	星期三	西	科室3	高三	第三季		
17	卯	星期四	北	科室1	高一	第四季		
18	辰	星期五	东	科室2	高二	第一季		
19	巳	星期六	南	科室3	高三	第二季		
20	午	星期日	西	科室1	高一	第三季		
21	未	星期一	北	科室2	高二	第四季		
22	申	星期二	东	科室3	高三	第一季		

图 5-1-22　序列样表

任务二　Excel 2010 的数据计算与函数应用

张同学来到江苏财经职业技术学院教务处实习，教务处领导安排他对全院学生成绩进行统计分析，统计样品如图 5-2-1 所示。每个学期，学校都要对各班、各门科目的考试成绩，如平均分、最高分、最低分、各分数段所占比例等各项成绩做数据分析。通过分析，了解各任课教师的教学水平和教学质量，了解学生掌握知识的程度，比较不同班级、不同教师的教学差异，及时发现与反馈教学工作中出现的问题，为下学期的课程设置和教师配备提供合理的建议，从而提高学校的整体教学质量。

学生成绩分析是对学生学期成绩的数据处理。利用 Excel 2010 对学生成绩进行分析，可以充分发挥 Excel 2010 数据处理的强大功能。

	A	B	C	D	E	F	G	H	I	J	K
1					0 7 计算机班学生成绩						
2	学号	姓名	高等数学	体育	法律	英语	信息技术	电子技术	总成绩	平均成绩	等第
3	X 07001	曹娟	85	93	65	61	79	67			
4	X 07002	冯月	83	75	78	74	74	68			
5	X 07003	曹雪莲	91	82	73	79	70	57			
6	X 07004	陈晓燕	88	81	64	68	66	73			
7	X 07005	史悦洁	86	69	84	83	82	88			
8	X 07006	王春旭	81	81	84	67	76	65			
9	X 07007	张福玲	87	76	83	75	88	81			
10	X 07008	李波	90	75	73	74	89	81			
11	X 07009	吴尚	93	63	75	61	34	64			
12	X 07010	黄金明	88	75	67	71	90	93			
13	X 07011	孙晓震	85	66	72	79	88	87			
14	X 07012	张尉迟	88	62	63	60	80	62			
15	X 07013	方圆	76	91	80	71	87	80			
16	X 07014	柏莹莹	88	71	73	83	88	80			
17	X 07015	阮志芬	82	75	81	79	94	91			
18	X 07016	侍雪婷	88	82	79	77	88	90			
19	X 07017	王艳霞	83	79	81	82	96	88			
20	X 07018	张佳佳	88	91	83	76	96	93			
21	X 07019	赵晓洁	83	61	77	72	80	77			
22	X 07020	杜吉	81	64	60	60	77	56			
23		最高分									
24		最低分									

图 5-2-1　学生成绩表

本情境主要通过对学生成绩的分析，讲述 Excel 2010 的数据计算与函数应用的功能。

任务实现方法如下。

（1）自动求和，计算总成绩。选择 I3 单元格，单击【自动求和】按钮，Excel 2010 自动给出求和函数 SUM，用鼠标选择求和单元格区域 C3:H3，按"Enter"键，求和结果便显示在单元格 I3 中，如图 5-2-2 所示。

	A	B	C	D	E	F	G	H	I	J	K
1					0 7 计算机班学生成绩						
2	学号	姓名	高等数学	体育	法律	英语	信息技术	电子技术	总成绩	平均成绩	等第
3	X 07001	曹娟	85	93	65	61	79	67	=SUM(C3:H3)		
4	X 07002	冯月	83	75	78	74	74	68			
5	X 07003	曹雪莲	91	82	73	79	70	57			
6	X 07004	陈晓燕	88	81	64	68	66	73			
7	X 07005	史悦洁	86	69	84	83	82	88			
8	X 07006	王春旭	81	81	84	67	76	65			
9	X 07007	张福玲	87	76	83	75	88	81			
10	X 07008	李波	90	75	73	74	89	81			

图 5-2-2　自动求和

其余各行总成绩的计算，通过自动填充操作完成。

（2）插入平均值函数 AVERAGE，计算平均成绩。选择 J3 单元格，单击【插入函数】按钮，弹出【插入函数】对话框，在【选择函数】列表框中选择 AVERAGE 函数，单击【确定】按钮，弹出【函数参数】对话框，在【Number1】文本框中输入"C3:H3"，单击【确定】按钮，计算平均成绩。

其余各行平均成绩通过自动填充操作完成。

（3）插入 MAX（最大值）与 MIN（最小值）函数，计算最高分与最低分。选择 C23 单元格，单击【插入函数】按钮，弹出【插入函数】对话框，在【选择函数】列表框中选择 MAX 函数，单击【确定】按钮，弹出【函数参数】对话框，在【Number1】文本框中输入"C3:C22"，单击【确定】按钮，计算最高分。

按照同样的操作，计算最低分。

（4）利用 IF 函数，计算等第。根据学生的平均成绩，自动给出每一个学生的成绩等第：60分以下为不及格，60～75 分为及格，75～85 分为良好，85 分以上为优秀。

在 K3 单元格中输入公式：

=IF(J3<60，"不及格"，IF(J3<75，"及格"，IF(J3<85，"良好"，"优秀")))

向下拖动填充柄，复制公式即可得到其余学生的成绩等第。

一、Excel 2010 公式的构成

（1）运算符：运算符把常量、单元格或区域引用、函数、括号等连接起来构成了表达式，运算符有算术运算符、比较运算符、文本运算符、引用运算符等。

（2）单元格的引用：包括相对引用、绝对引用和混合引用。

（3）区域引用：区域地址（两个顶点的单元格地址用":"分隔）。

（4）其他工作表数据的引用：由放置在一对方括号中的工作簿名、工作表名、"!"、区域名组成，如［MYBOOK.xlsx］MYSHEET！B5:D12。

二、Excel 2010 公式的输入

（1）选择放置计算结果的单元格。

（2）输入公式（以"="号开头）。

三、复制公式

（1）相对地址：单元格地址随公式复制位置的变化而变化。

（2）绝对地址：公式中某一项的值固定存放在某单元格中，在复制公式时，该项地址不变，这样的单元格地址称为绝对地址，其表达形式是在普通地址前加"$"符号。

四、自动求和按钮的使用

（1）选择存放结果的单元格地址。

（2）单击自动求和按钮【Σ】。

（3）选定需要求和的各个区域。

（4）单击【 ↵ 】按钮。

五、输入函数

（1）选择放置计算结果的单元格。

（2）单击【插入函数】按钮。

（3）在【插入函数】对话框的【选择函数】列表框中，选择函数。

（4）单击【确定】按钮。

（5）输入函数参数，或用鼠标拖过需参与计算的区域。

（6）单击【确定】按钮。

六、常用函数

1. SUM 函数

格式：SUM(number1,number2,…)

使用平均值函
数 AVERAGE

功能：计算一组数值的和。

2. AVERAGE 函数

格式：AVERAGE(number1,number2,…)

功能：返回其参数的算术平均值，参数可以是数值或包含数值的名称、数组或引用。

3. MAX 函数

格式：MAX(number1,number2,…)

功能：返回一组数值中的最大值，忽略逻辑值及文本。

4. MIN 函数

格式：MIN (number1,number2,…)

功能：返回一组数值中的最小值，忽略逻辑值及文本。

5. ROUND 函数

格式：ROUND(number,num-digits)

参数：number 为要四舍五入的数值，num-digits 为执行四舍五入时采用的位数。

功能：按指定的位数对数据进行四舍五入。

6. COUNT 函数

格式：COUNT(value1,value2,…)

参数：参数最多为 255 个，可以包含或引用各种不同类型的数据，但仅对数字型数据进行计数。

功能：计算区域中包含数字的单元格的个数。在计数时，把数字、空值、日期计算进去，但空白单元格、错误值、无法被转化为数值的内容不计数。

例如，假设 A1:A6 单元格区域的内容分别为"ABC""你好""空白单元格""34""453""9月 3 日"，则 COUNT(A1:A6)等于 3，COUNT(A1:A6,98)等于 4。

7. COUNTA 函数

格式：COUNTA(value1,value2,…)

参数：参数最多为 255 个，代表要进行计数的值和单元格。值可以是任意类型的信息。

功能：计算区域中非空单元格的个数。例如，假设 A1:A6 单元格区域的内容分别为"ABC""你好""空白单元格""34""453""9 月 3 日"，则 COUNT(A1:A6)等于 5，COUNT(A1:A6,98)等于 6。

8. COUNTIF 函数

格式：COUNTIF(range，criteria)

功能：计算某个区域中满足给定条件的单元格的数目。

参数：range 为要进行计算的区域，criteria 为以数字、表达式或文本形式定义的条件。

例如，A2:F2 单元格区域的内容分别为“ABC”“82”“74”“60”“56”“78”，则 COUNTIF(A2:F2，"ABC")的值为 1，如图 5-2-3 所示，COUNTIF(A2:F2，">=60")的值为 4，如图 5-2-4 所示。

G2 =COUNTIF(A2:F2,"ABC")

	A	B	C	D	E	F	G
2	ABC	82	74	60	56	78	1

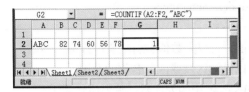

图 5-2-3 COUNTIF(A2:F2,"ABC")的值

G2 =COUNTIF(A2:F2,">=60")

	A	B	C	D	E	F	G
2	ABC	82	74	60	56	78	4

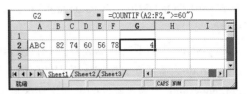

图 5-2-4 COUNTIF(A2:F2,"≥60")的值

9. SUMIF 函数

格式：SUMIF(Range，Criteria，Sum_Range)

功能：对满足条件的单元格求和。

参数：Range 表示要进行条件判断的单元格区域，Criteria 为指定条件的表达式，Sum_Range 表示需要计算的数值所在的单元格区域。

例如，在 D23 单元格中输入以下公式，如图 5-2-5 所示。

=SUMIF(C3:C22,"男",D3:D22)

即可求出所有男生“高等数学”课科目的成绩总和。

其中，“男”由于是文本型，需加英文状态下的双引号。

使用 IF 嵌套函数

10. IF 函数

格式：IF(logical_test，value_if_true，value_if_false)

功能：对一个条件表达式进行判断，如果为真，返回一个值，否则返回另一个值。

参数：logical_test 为条件表达式，value_if_true 是条件表达式为真时返回的值，value_if_false 是条件表达式为假时返回的值。

例如，在 E3 单元格中输入以下公式，结果如图 5-2-6 所示。

D23 =SUMIF(C3:C22,"男",D3:D22)

0 7 计算机班学生成绩

学号	姓名	性别	高等数学	体育	法律	英语
X07001	曹娟	女	85	93	65	61
X07002	冯月	女	83	75	78	74
X07003	曹雪莲	女	91	82	73	79
X07004	陈晓	男	88	81	64	68
X07005	史悦洁	女	86	69	84	83
X07006	王春旭	女	81	81	84	67
X07007	张福玲	女	87	76	83	75
X07008	李波	男	90	75	73	74
X07009	吴尚	男	93	63	75	61
X07010	黄金明	男	88	75	67	71
X07011	孙晓震	女	85	66	72	79
X07012	张尉迟	女	88	62	63	60
X07013	方圆	女	76	91	80	71
X07014	柏莹莹	女	88	71	73	83
X07015	阮志	男	82	75	81	79
X07016	侍雪婷	女	88	82	79	77
X07017	王艳霞	女	83	79	81	82
X07018	张佳佳	女	88	91	83	76
X07019	赵晓军	男	83	61	77	72
X07020	杜吉	女	81	64	60	60
男生高等数学成绩总和			524			
女生高等数学成绩总和						

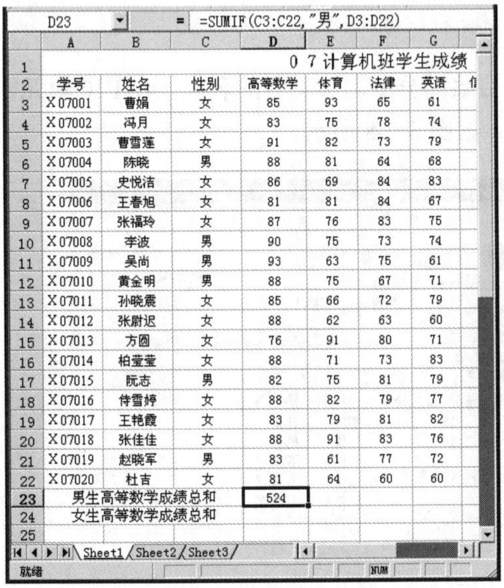

图 5-2-5 求男生高等数学的成绩总和

E3 =IF(D3<60,"不及格","及格")

学号	姓名	性别	高等数学	备注
X07001	曹娟	女	58	不及格
X07002	冯月	女	83	及格
X07003	曹雪莲	女	91	及格
X07004	陈晓	男	57	不及格
X07005	史悦洁	女	86	及格
X07006	王春旭	女	81	及格
X07007	张福玲	女	87	及格
X07008	李波	男	90	及格
X07009	吴尚	男	93	及格
X07010	黄金明	男	88	及格
X07011	孙晓震	女	85	及格
X07012	张尉迟	女	88	及格
X07013	方圆	女	76	及格
X07014	柏莹莹	女	88	及格
X07015	阮志	男	82	及格
X07016	侍雪婷	女	88	及格
X07017	王艳霞	女	83	及格
X07018	张佳佳	女	88	及格
X07019	赵晓军	男	83	及格

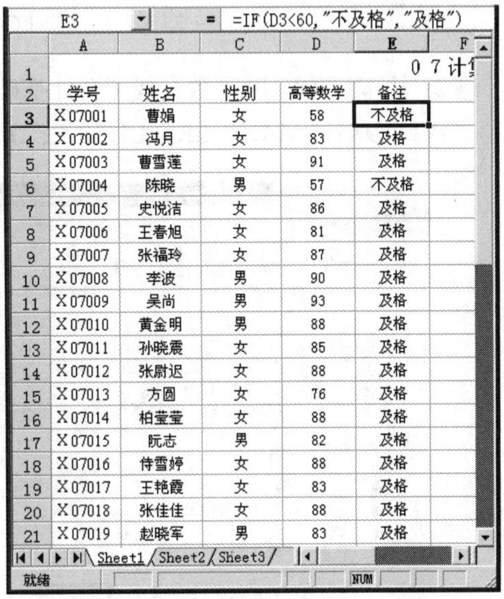

图 5-2-6 备注栏中加上“及格”或“不及格”标志

=IF(D3<60,"不及格","及格")，即可在“备注”列中标上“及格”或“不及格”。

IF 函数也可以嵌套使用，最多可以嵌套 7 层，当然也可以嵌套使用其他函数。

11. VLOOKUP 函数

格式：VLOOKUP(lookup-value,table-array,col-index-num,range-lookup)

参数：

lookup-value 为需要在数据表首列进行搜索的值，可以是数值、引用或字符串。

table-array 为需要在其中搜索数据的区域，可以是对区域或区域名称的引用。

col-index-num 为满足条件的单元格在区域 table-array 中的列序号，首列序号为 1。

range-lookup 指定在查找时是精确匹配还是大致匹配，如果为 FALSE，则为大致匹配，如果为 TRUE，则为精确匹配。

功能：搜索表区域首列满足条件的元素，确定待检索单元格在区域中的行序号，再进一步返回选定单元格的值。

例 1：用 VLOOKUP 函数查找“刘海”同学的总分，在 E16 单元格中输入“=VLOOKUP(B10,B7:L14,8,FALSE)”，如图 5-2-7 所示。

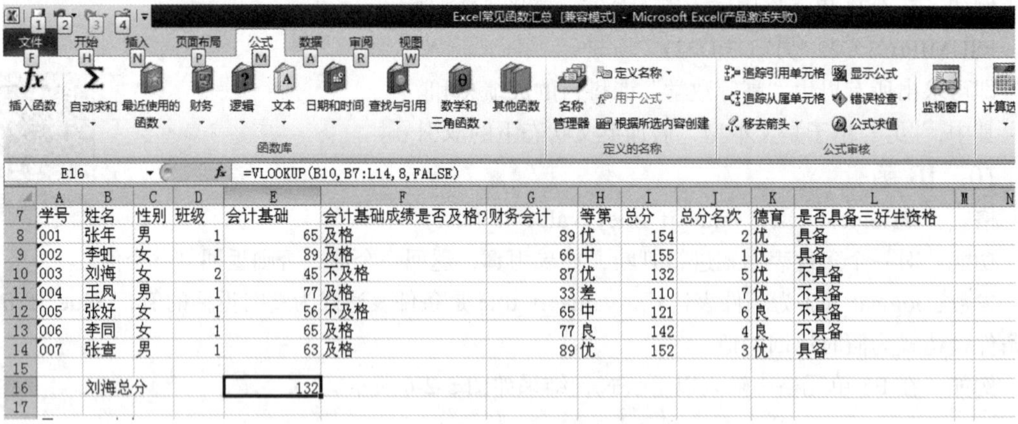

	A	B	C	D	E	F	G	H	I	J	K	L
7	学号	姓名	性别	班级	会计基础	会计基础成绩是否及格?	财务会计	等第	总分	总分名次	德育	是否具备三好生资格
8	001	张年	男	1	65	及格	89	优	154	2	优	具备
9	002	李虹	女	1	89	及格	66	中	155	1	优	具备
10	003	刘海	女	2	45	不及格	87	优	132	5	优	不具备
11	004	王凤	男	1	77	及格	33	差	110	7	优	不具备
12	005	张好	女	1	56	不及格	65	中	121	6	良	不具备
13	006	李同	女	1	65	及格	77	良	142	4	良	不具备
14	007	张查	男	1	63	及格	89	优	152	3	优	具备
15												
16		刘海总分			132							

图 5-2-7　用 VLOOKUP 函数查找刘海总分

例 2：用 VLOOKUP 函数查找“会计基础”科目最高分的同学总分的名次，在 F10 单元格中输入“=VLOOKUP(MAX(E2:E8),E1:L8,6,FALSE)”，如图 5-2-8 所示。

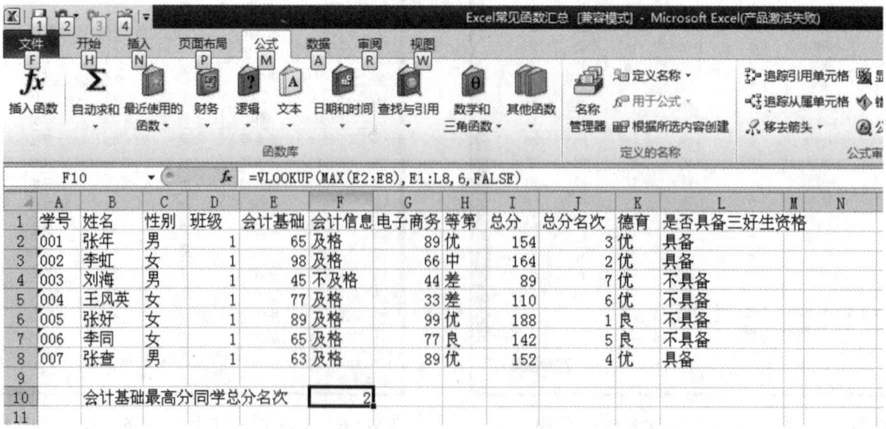

	A	B	C	D	E	F	G	H	I	J	K	L
1	学号	姓名	性别	班级	会计基础	会计信息	电子商务	等第	总分	总分名次	德育	是否具备三好生资格
2	001	张年	男	1	65	及格	89	优	154	3	优	具备
3	002	李虹	女	1	98	及格	66	中	164	2	优	具备
4	003	刘海	男	1	45	不及格	44	差	89	7	优	不具备
5	004	王凤英	女	1	77	及格	33	差	110	6	优	不具备
6	005	张好	女	1	89	及格	99	优	188	1	良	不具备
7	006	李同	女	1	65	及格	77	良	142	5	良	不具备
8	007	张查	男	1	63	及格	89	优	152	4	优	具备
9												
10		会计基础最高分同学总分名次				2						

图 5-2-8　用 VLOOKUP 函数查找会计基础最高分的同学总分的名次

12．RANK 函数

格式：RANK(number,ref,order)

参数：

number 是要查找排名的数字。

ref 是一组数或对一个数据列表的引用。非数字值将被忽略。

order 是在列表中排名的数字，如果为零或忽略，则为降序；非零，则为升序。

功能：返回某数字在一列数中相对其他数值的大小排名。

例如，在 J 列中统计“总分名次”，在 J2 中输入“=RANK(I2,$I$2:$I$8)”，向下拖动填充柄即可统计所有人的总分排名，如图 5-2-9 所示。

	A	B	C	D	E	F	G	H	I	J	K	L
1	学号	姓名	性别	班级	会计信息	会计信息	电子商	等第	总分	总分名次	德育	是否具备三好生资格
2	001	张年	男	1	65	及格	89	优	154	3	优	具备
3	002	李虹	女	1	89	及格	66	中	155	2	优	具备
4	003	刘海	男	1	45	不及格	44	差	89	7	优	不具备
5	004	王风英	女	1	77	及格	33	差	110	6	优	不具备
6	005	张好	女	1	89	及格	99	优	188	1	良	不具备
7	006	李同	女	1	65	及格	77	良	142	5	良	不具备
8	007	张查	男	1	63	及格	89	优	152	4	优	具备

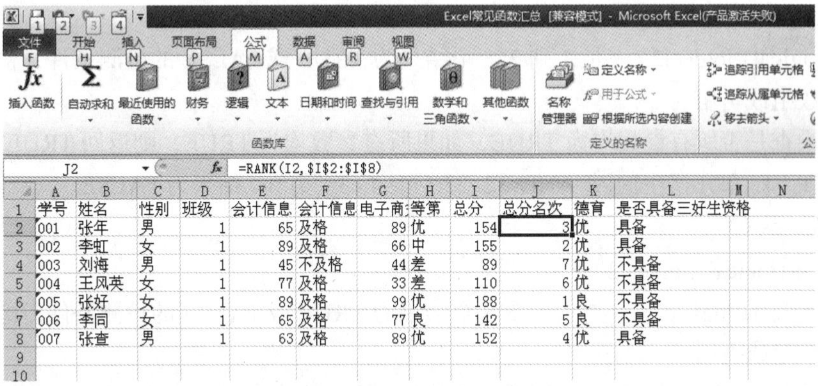

图 5-2-9　在 J 列中统计“总分名次”

13．LARGE 函数

格式：LARGE(array,k)

参数：

array 用来计算第 k 大值点的数值数据或数值区域。

k 为要返回的数在数组或数据区中的位置（从最大值开始）。

功能：返回数据组中第 k 大值。

例如，在 F11 单元格中统计出“会计基础”科目分数第 3 高的同学的分数，在 F11 中输入“=LARGE(E2:E8,3)”，如图 5-2-10 所示。

	A	B	C	D	E	F	G	H	I	J	K	L
1	学号	姓名	性别	班级	会计基础	会计信息	电子商务	等第	总分	总分名次	德育	是否具备三好生资格
2	001	张年	男	1	65	及格	89	优	154	3	优	具备
3	002	李虹	女	1	98	及格	66	中	164	2	优	具备
4	003	刘海	男	1	45	不及格	44	差	89	7	优	不具备
5	004	王风英	女	1	77	及格	33	差	110	6	优	不具备
6	005	张好	女	1	89	及格	99	优	188	1	良	不具备
7	006	李同	女	1	65	及格	77	良	142	5	良	不具备
8	007	张查	男	1	63	及格	89	优	152	4	优	具备
10		会计基础最高分同学总分名次				2						
11		会计基础正数第三名同学分数				77						

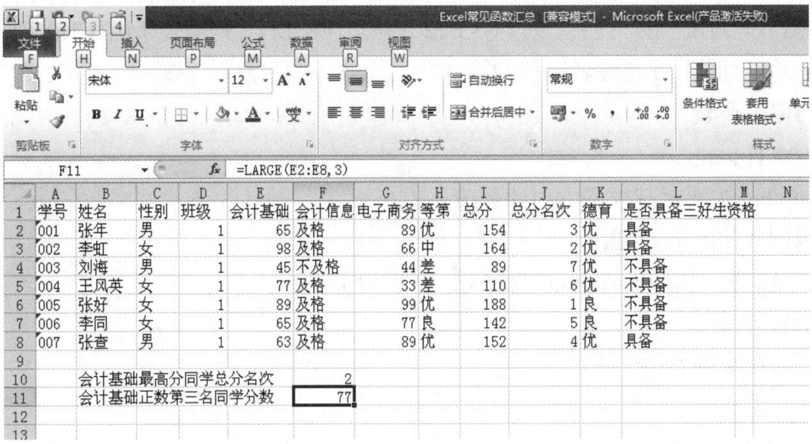

图 5-2-10　在 F11 单元格中统计出“会计基础”课程正数第 3 名同学的分数

14. SMALL 函数

格式：SMALL(array,k)

参数：

array 用来计算第 k 小值点的数值数据或数值区域。

k 为要返回的数在数组或数据区中的位置（从最小值开始）。

功能：返回数据组中的第 k 小值。

例如，在 F12 单元格中统计出"会计基础"科目分数倒数第 2 高的同学的分数，在 F12 中输入"=SMALL(E2:E8,2)"。

15. AND 函数

格式：AND(logical1,logical2,…)

参数：logical1,logical2，…是 1 到 255 个结果为 TRUE 或 FALSE 的检测条件，检测内容可以是逻辑值、数组或引用。

功能：检查是否所有参数均为 TRUE，如果所有参数均为 TRUE，则返回 TRUE。

例如，在 F12 单元格中输入=AND(32>22,1+2=4,c3="男")，结果为 FALSE。

16. OR 函数

格式：OR(logical1,logical2，…)

参数：logical1,logical2，…是 1 到 255 个结果为 TRUE 或 FALSE 的检测条件，检测内容可以是逻辑值、数组或引用。

功能：如果任一参数为 TRUE，则返回 TRUE，只有当所有参数均为 FALSE 时才返回 FALSE。

例如，在 F12 单元格中输入=OR(32>22,1+2=4,c3="男")，结果为 TRUE。

17. MATCH 函数

格式：MATCH(lookup-value, match-type)

参数：

lookup-value 为在数组中要查找匹配的值，可以是数值、文本或逻辑值，或者对上述类型的引用。

lookup-array 为含有要查找的值的连续单元格区域。

match-type 为数字-1、0 或 1，其指定了 lookup-value 与 lookup-array 中数值进行匹配的方式。

功能：返回符合特定值特定顺序的项在数组中的相对位置。

例如，要查找"刘强"在"姓名"列（B3:B22）中位于第几行，则输入=MATCH("刘强",B3:B22,0)，结果为 4，说明"刘强"在"姓名"列的第 4 行。

18. SQRT 函数

格式：SQRT(number)

参数：number 为要对其求平方根的数值。

功能：返回数值的平方根。

例如，在 A3 单元格中输入=SQRT(256)，结果为 16。

19. ABS 函数

返回给定数值的绝对值。

20. INT 函数

将数值向下取整为最接近的整数。

21．NOW 函数

返回日期时间格式的当前日期和时间。

22．TODAY 函数

返回日期格式的当前日期。

23．YEAR、MONTH、DAY 函数

YEAR 函数，返回日期的年份值。

MONTH 函数，返回日期的月份值。

DAY 函数，返回一个月中的第几天的数值。

24．HOUR、MINUTE、SECOND 函数

HOUR 函数，返回小时数值。

MINUTE 函数，返回分钟数值。

SECOND 函数，返回秒数值。

七、拓展与技巧

利用 AND 函数、IF 函数嵌套应用，审核学生是否满足评选三好学生的资格。

AND 函数格式：AND(logical1，logical2，…)

功能：当逻辑表达式全部为真时，AND 函数值为真，否则为假。

三好学生资格为：平均成绩大于 80 分，同时量化为 "A"。

在 M3 中输入公式=IF(AND(K3>80，L3="A")，"具备"，"-")，如图 5-2-11 和图 5-2-12 所示，即可求出第一位同学是否满足评选三好学生的资格，其余同学复制公式即可。

图 5-2-11　AND 函数、IF 函数嵌套应用 1　　　　图 5-2-12　AND 函数、IF 函数嵌套应用 2

八、创新作业

完成成绩分析统计，如图 5-2-13 所示，要求如下。

（1）班级人数统计用 COUNT 函数。

（2）男（女）生人数统计用 COUNTIF 函数。

（3）男（女）生"高等数学"科目成绩总和用 SUMIF 函数。

（4）等级设置为"优秀（总分大于 180 分）""良好（总分介于 160 分和 180 分之间）""中等（总分小于 160 分）"，用 IF 函数嵌套完成。

（5）总分大于 180 分的人数用 COUNTIF 函数完成。

	A	B	C	D	E	F	G
1	姓名	性别	高等数学	大学英语	总分	等级	
2	王大伟	男	78	80			
3	李博	男	89	86			
4	程小霞	女	79	75			
5	马宏军	男	90	92			
6	李枚	女	96	95			
7	丁一平	男	69	74			
8	张珊珊	女	60	68			
9	柳亚萍	女	72	79			
10	平均分						
11	最高分						
12	最低分						
13	男生人数						
14	女生人数						
15	班级人数						
16	男生高等数学总和						
17	女生高等数学总和						
18	总分大于180分的人数						
19	总分介于160-180分的人数						
20	总分小于160分的人数						

图 5-2-13　成绩分析统计

任务三　Excel 2010 的数据管理

张同学来到大华科技有限公司实习，公司领导安排他对员工工资数据进行统计分析。张同学利用 Excel 2010 强大的数据管理功能，对员工工资数据进行了科学分析。他采用了 Excel 2010 排序、自动筛选、高级筛选、数据分类汇总、数据透视表等功能，圆满地完成了任务。

任务实现方法如下。

Excel 2010 不仅提供了制表、制图、计算功能，还提供了数据管理功能，如排序、筛选、汇总等方面的功能，特别是提供了数据透视和数据分析功能。

为了实现数据管理与分析，Excel 2010 要求数据必须按数据清单的格式来组织，图 5-3-1 是一个典型的数据清单，它满足如下数据清单的准则。

	A	B	C	D	E	F	G	H	I	J
1	员工编号	员工姓名	基本工资（元）	奖金（元）	出差补贴（元）	迟到（次）	事假（次）	旷工（次）	合计（元）	
2	A001	何亮	1590	998	400	0	0	0	2988	
3	A002	蒋大为	1320	832	350	0	1	0	2497	
4	A003	曹有才	1320	159	400	0	0	0	1879	
5	A004	赵顺	1320	684	350	1	0	0	2334	
6	A005	严实	1320	259	400	0	0	0	1979	
7	A006	陈倩	1230	687	200	0	0	0	2117	
8	A007	宋丹丹	1230	456	300	0	0	1	1936	
9	A008	任胜	1230	254	400	0	0	0	1884	
10	A009	王秀秀	1230	759	200	0	0	0	2189	
11	A010	昌良	1230	658	150	0	0	0	2038	
12	A011	李富有	980	329	50	0	0	0	1359	
13	A012	张得福	980	264	0	0	1	0	1239	
14	A013	尚刚	980	159	0	0	0	0	1139	
15	A014	赵行	980	612	0	1	0	0	1572	
16	A015	史保国	980	259	0	0	0	0	1239	

图 5-3-1　数据清单

- 每列应包含相同类型的数据，列表第一行或前两行由字符串组成，而且每一列均不相同，称为字段名。
- 每行应包含一组相关的数据，称为记录。
- 列表中不允许出现空行、空列（空行、空列用于区分数据清单区与其他数据区）。
- 单元格内容开头没有无意义的空格。
- 每个数据清单占一张工作表。

一、数据排序

实际工作中，经常需要对工作表中的数据按照某种顺序排列，使数据有条理性，并且用户能快速查找到需要的数据。Excel 2010 可以对整个数据清单的数据进行排序，也可以对某一列或所选定的单元格区域进行排序。

数据排序是指对选定单元格区域中的数据以升序或降序方式重新排列，从而将无序数据变成有序数据，便于数据管理、浏览和分析。排序方法有简单排序和多条件排序。

1．简单排序

将光标置于待排序数据区域的任意一个单元格中，在【数据】选项卡的【排序与筛选】功能区中单击【升序】或【降序】按钮，即可对工作表数据进行简单排序。

2．【排序】按钮

下面介绍有关排序的操作按钮，操作步骤如下。

（1）打开工作表，选中任一列，如 E 列。

（2）在【数据】选项卡的【排序与筛选】功能区中单击【排序】按钮，打开【排序】对话框，如图 5-3-2 所示。

图 5-3-2　【排序】对话框

（3）设置主要关键字条件。在默认情况下，打开【排序】对话框时会出现一个【主要关键字】下拉列表框，设置参数如图 5-3-3 所示。

图 5-3-3　设置主要关键字

（4）添加条件。单击【添加条件】按钮，在【主要关键字】下拉列表框下方会出现【次要关键字】下拉列表框，排序时主要关键字是必需的，次要关键字可根据需要选用，如果同时选择，则排序时先按主要关键字排序，主要关键字数据值相同的行，再按次要关键字排序，设置如图 5-3-4 所示。

（5）删除次要关键字条件。选择【次要关键字】条件，单击【删除条件】按钮，如图 5-3-5 所示。

图 5-3-4　设置次要关键字

图 5-3-5　删除条件

（6）复制关键字。选择要复制的关键字，单击【复制条件】按钮，在【主要关键字】条件的下方会出现【次要关键字】的条件，此时【主要关键字】的条件与【次要关键字】的条件相同，结果如图 5-3-6 所示。

（7）选择排序的方向与方法。单击图 5-3-6 中的【选项】按钮，打开图 5-3-7 所示的【排序选项】对话框，在此可以对排序条件进行更详细的设置。

图 5-3-6　复制关键字

图 5-3-7　【排序选项】对话框

（8）数据包含标题。取消勾选【数据包含标题】复选框，如图 5-3-8 所示，工作表中的数据不包含 A1:I1 单元格区域。此时按主要关键字"列 A"排序，对标题之外的数据进行排序，这往往不是我们所要的结果。如果勾选【数据包含标题】复选框，如图 5-3-9 所示，则标题也参与排序。

图 5-3-8　排序的数据不包含标题

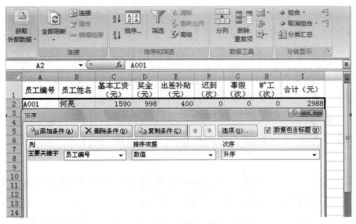

图 5-3-9　排序数据包含标题

3．多条件排序

数据的多条件排序是指按照多个条件进行排序，这是针对使用单一条件排序后仍有相同数据的情况进行的一种排序方式。多条件排序的具体方法如下。

（1）打开工作表，选定需参与排序的数据，没有选中的数据不参加排序。如果是对所有数据进行排序，则不必选定排序数据区域，系统在排序时默认选择所有数据。在【数据】选项卡的【排序与筛选】功能区中单击【排序】按钮，弹出【排序】对话框。

（2）单击【添加条件】按钮，在【主要关键字】下面会出现【次要关键字】。

（3）在【次要关键字】下拉列表框中选择【员工姓名】选项，这表示按照主要关键字进行排序后还要按照次要关键字继续排序。

（4）选择排序的次序，如主要关键字升序排列，次要关键字降序排列，如图 5-3-10 所示。

（5）如果要将员工姓名按笔划进行排序，则单击【选项】按钮，弹出【排序选项】对话框，在【方法】功能区中选中【笔划排序】单选按钮，如图 5-3-11 所示。

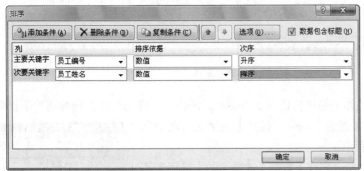

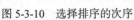

图 5-3-10　选择排序的次序　　　　　　　　　　图 5-3-11　【排序选项】对话框

二、数据筛选

筛选是一种在工作表数据清单中查找所需数据的快速方法。筛选功能可以使 Excel 2010 只显示满足指定条件的记录，隐藏那些不满足指定条件的记录，当然也可以只将筛选显示出的记录直接打印输出。

Excel 2010 提供了自动筛选和高级筛选两种方法，其中自动筛选用于满足简单条件的筛选，高级筛选用于满足复杂条件的筛选。

如果用户需要浏览或者操作的只是数据表中的部分数据，为了方便操作，加快操作速度，往往要把需要的记录筛选出来作为操作对象而将无关的记录隐藏起来，使之不参与操作。筛选就是在工作表中只显示满足给定条件的数据，而不显示不满足条件的数据。因此，筛选与排序不同，它并不重排数据清单，而只是将不必显示的行暂时隐藏。

Excel 提供了自动筛选和高级筛选两种命令来筛选数据。自动筛选可以满足大部分需要，然而当要按更复杂的条件来筛选数据时，则需要使用高级筛选。

1. 自动筛选

自动筛选，顾名思义，就是按照一定的条件自动将满足条件的记录筛选出来。下面，我们以筛选价格在 90～200 元的内存为例来介绍自动筛选的方法。

在待筛选数据区域中选定任意一个单元格，在【数据】选项卡【排序和筛选】区域中单击【筛选】按钮，Excel 便会在工作表中每个列的列标题右侧插入一个下拉箭头，单击下拉箭头，会出现一个下拉菜单。在该下拉菜单中勾选筛选项对应的复选框，将在工作表中只显示包含所选项的行，如图 5-3-12 所示。

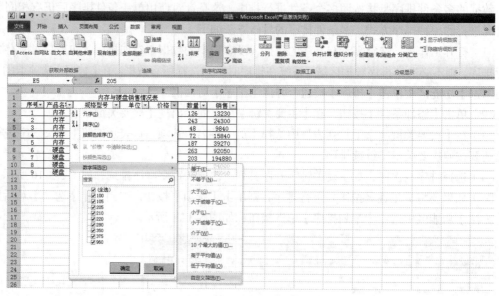

图 5-3-12　选择筛选条件

如果筛选的条件有多个，如要筛选价格在 90～200 元的内存，那么可以在列标题的下拉菜单中选择【文本筛选】|【自定义筛选】命令，打开【自定义自动筛选方式】对话框，如图 5-3-13 所示。

如果要显示所有被隐藏的行，则在【数据】选项卡的【排序和筛选】功能区中单击【清除】按钮即可；也可以在列标题的下拉菜单中勾选【全选】复选框。

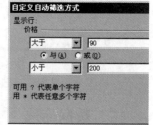

图 5-3-13　【自定义自动筛选方式】对话框

如果要移去自动筛选下拉箭头，并全部显示所有的行，则在【数据】选择卡的【排序和筛选】区域中再一次单击【筛选】按钮，使该按钮呈现非选中状态即可。

2. 高级筛选

对于筛选条件较为复杂或必须经过计算才能进行的查询，可以使用高级筛选方式。这种筛选方式需要定义 3 个单元格区域：进行查询的数据区域、进行查询的条件区域和定义存放筛选结果的区域，当这些区域都定义好后便可以进行筛选。

例如，筛选出价格在 90～200 元，同时销售额在 10 000 元以上的内存与价格低于 400 元的硬盘。

（1）选择条件区域与设置筛选条件。选择工作表的空白区域作为条件区域，同时设置筛选条件如下。

- 筛选条件区域的列标题和条件应放在不同的单元格中。
- 筛选条件区域的列标题应与数据区域的列标题完全一致，可以使用复制与粘贴的方法。
- "与"关系的条件必须出现在同一行。
- "或"关系的条件不能出现在同一行。

（2）设置高级筛选。在【数据】选项卡的【排序和筛选】区域中单击【高级】按钮，打开【高级筛选】对话框，在该对话框中进行以下设置。

- 设置【方式】，在【方式】区域指定筛选结果存放的位置，如选择【将筛选结果复制到其他位置】单选按钮。
- 设置【列表区域】，在【列表区域】文本框中输入单元格区域地址或者利用【折叠】按钮在工作表中选择数据区域。
- 设置【条件区域】，在【条件区域】文本框中输入单元格区域地址或者利用【折叠】按钮在工作表中选择条件区域。
- 设置【存放筛选结果的区域】，在【复制到】文本框中输入单元格区域地址或者利用【折叠】按钮在工作表中选择存放筛选结果的区域。

如果勾选【选择不重复的记录】复选框，则筛选结果不会出现完全相同的两行数据，如图 5-3-14 所示。

（3）执行高级筛选。在【高级筛选】对话框中设置完成后，单击【确定】按钮，执行高级筛选，如图 5-3-15 所示。

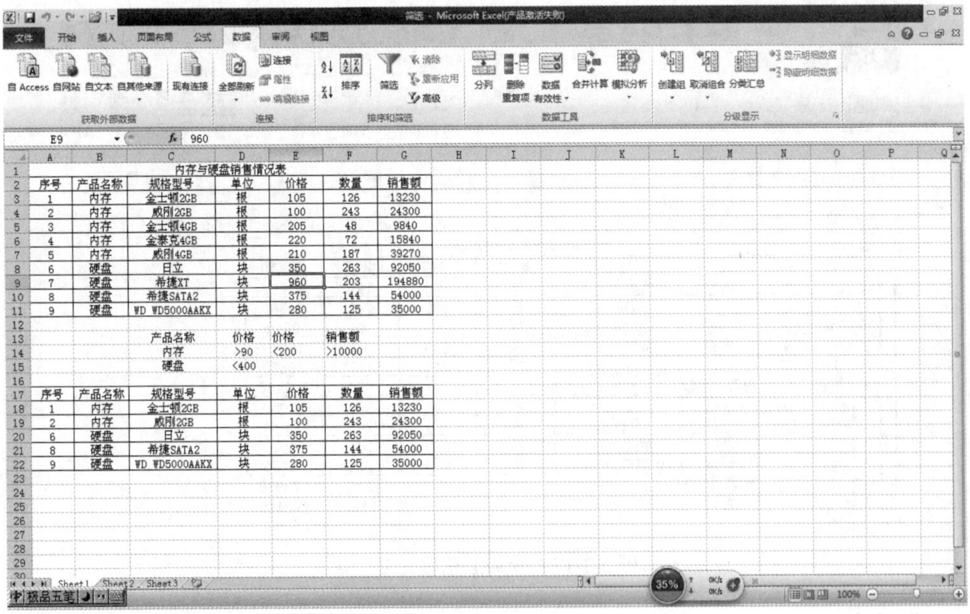

图 5-3-14　【高级筛选】对话框

图 5-3-15　高级筛选的结果

三、分类汇总

Excel 分类汇总是对工作表中数据清单的内容进行分类，就是先按指定字段排序，将同类的记录排列在一起，然后按另外指定的多个字段对同类记录值进行汇总。汇总方式包括求和、计数、平均值、最大值、最小值等，由用户进行选择。

分类汇总只能对数据清单进行，数据清单的第一行必须为列标题。在进行分类汇总前，必须根据分类汇总的数据类对数据清单进行排序。

利用【数据】选项卡的【分级显示】功能区中的【分类汇总】命令可以创建分类汇总。在打开的【分类汇总】对话框中选择【分类字段】【汇总方式】【选定汇总项】等。

例如，按照产品名称进行汇总，汇总出内存、硬盘的数量和销售额的总和。

先按产品名称排序，然后将光标置于待分类汇总数据区域的任意一个单元格中，在【数据】选项卡的【分级显示】功能区中单击【分类汇总】命令，打开【分类汇总】对话框，进行下列设置。

（1）在【分类字段】下拉列表框中选择需要用来分类汇总的数据列，如选择【产品名称】。

（2）在【汇总方式】下拉列表框中选择所需的用于计算分类汇总的方式，包括求和、计数、平均值、最大值、最小值、乘积、数值计数、标准偏差、方差等多个选项，如选择【求和】。

（3）在【选定汇总项】下拉列表框中勾选需要进行汇总计算的数值列所对应的复选框，可以勾选中一个或多个复选框，如选中【数量】和【销售额】。

（4）在【分类汇总】对话框的底部有 3 个复选项【替换当前分类汇总】【每组数据分页】【汇总结果显示在数据下方】，根据需要进行选择，也可以采用默认值，如图 5-3-16 所示。然后单击【确定】按钮，完成分类汇总，如图 5-3-17 所示。

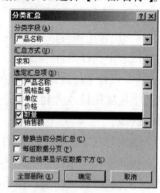

图 5-3-16 【分类汇总】对话框

1 2 3		A	B	C	D	E	F	G	H	I
	1			内存与硬盘销售情况表						
	2	序号	产品名称	规格型号	单位	价格	数量	销售额		
	3	1	内存	金士顿2GB	根	105	126	13230		
	4	2	内存	威刚2GB	根	100	243	24300		
	5	3	内存	金士顿4GB	根	205	48	9840		
	6	4	内存	金泰克4GB	根	220	72	15840		
	7	5	内存	威刚4GB	根	210	187	39270		
	8		内存 汇总				676	102480		
	9	6	硬盘	日立	块	350	263	92050		
	10	7	硬盘	希捷XT	块	960	203	194880		
	11	8	硬盘	希捷SATA2	块	375	144	54000		
	12	9	硬盘	WD WD5000AAKX	块	280	125	35000		
	13		硬盘 汇总				735	375930		
	14		总计				1411	478410		
	15									

图 5-3-17 分类汇总后的工作表

分类汇总完成后，Excel 会自动对工作表中的数据进行分级显示，在工作表窗口的左侧会出现分级显示区，列出一些分级显示称号，允许对分类后的数据显示进行控制。默认情况下，数据按 3 级显示，可以通过单击工作表左侧分级显示区顶端的 3 个按钮进行分级显示切换。分级显示区还有低一级向高一级的【折叠】按钮和高一级向低一级的【展开】按钮。

当需要取消分类汇总恢复工作表原状时，在【分类汇总】对话框中单击【全部删除】按钮即可。

四、数据透视表和数据透视图

Excel 的数据透视表和数据透视图比普通的分类汇总功能更强，可以按多个字段进行分类，便于从多方向分析数据。例如，分析某个班级不同性别学生 3 门课程的平均分，或者分析某一性别不同班级学生 3 门课程的平均分，用多重分类汇总可以实现，但比较麻烦，而用数据透视表和数据透视图则可以轻松地实现，如图 5-3-18 所示。

姓名	班级	性别	高等数学	大学英语	基础会计
王大伟	1班	男	78	80	78
李博	1班	男	89	86	98
马宏军	1班	男	90	92	77
丁一平	2班	男	69	74	89
程小霞	1班	女	79	75	86
李枚	2班	女	96	95	87
张珊珊	2班	女	60	68	89
柳亚萍	2班	女	72	79	86
李平	2班	男	76	87	75
刘英	1班	女	99	88	88

图 5-3-18　学生成绩表

（1）启动数据透视表和数据透视图向导。单击数据源中的任一单元格，在【插入】选项卡的【表格】功能区中单击【数据透视表】按钮，在其下拉菜单中选择【数据透视表】命令，如图 5-3-19 所示，打开【创建数据透视表】对话框，如图 5-3-20 所示。

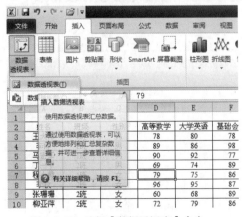

图 5-3-19　选择【数据透视表】命令

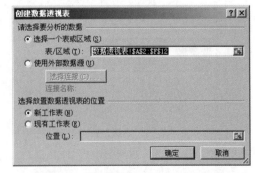

图 5-3-20　【创建数据透视表】对话框

（2）在【创建数据透视表】对话框的【请选择要分析的数据】功能区中选择【选择一个表或区域】单选按钮，然后在【表/区域】文本框中直接输入数据区域的地址，或者单击右侧的【折叠】按钮，折叠该对话框。在工作表中拖动鼠标选择数据区域，所选中区域的绝对地址在折叠对话框的文本框中显示。在折叠对话框中单击【返回】按钮，返回折叠之前的对话框。

在【创建数据透视表】对话框的【选择放置数据透视表的位置】功能区中选择【新工作表】单选按钮。当然，这里也可以选择【现有工作表】单选按钮，然后在【位置】文本框中输入放置数据透视表的区域地址。

（3）在【创建数据透视表】对话框中单击【确定】按钮，进入数据透视表设计环境，如图 5-3-21 所示。

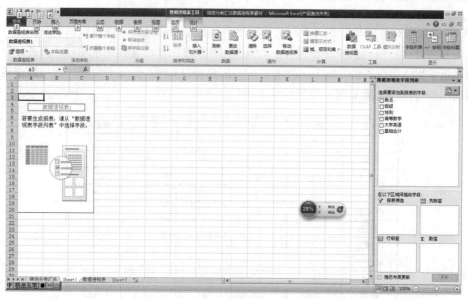

图 5-3-21　数据透视表设计环境

（4）在【数据透视表字段列表】中，从【选择要添加到报表的字段】列表框中将"班级"字段拖动到【行标签】框中，将"性别"字段拖动到【列标签】框中，将"高等数学"字段拖动到【数值】框中。如图 5-3-22 所示。

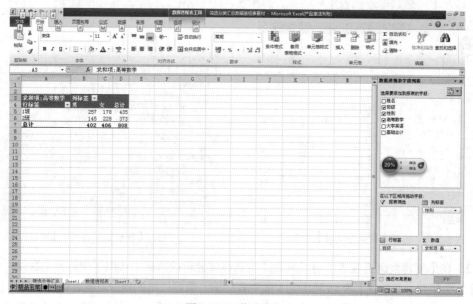

图 5-3-22　拖动字段

（5）在【数值】框中单击【求和项】字段，在弹出的下拉菜单中选择【值字段设置】命令，打开【值字段设置】对话框，在【选择用于汇总所选字段数据的计算类型】列表框中选择【平均值】选项，如图 5-3-23 所示。

然后，单击【数字格式】按钮，打开【设置单元格格式】对话框，在对话框左侧的【分类】列表框中选择【数值】选项，将【小数位数】设置为 1，单击【确定】按钮返回【值字段设置】对话框。在【值字段设置】对话框中单击【确定】按钮，完成数据透视表的创建（用同样的方法将"大学英语"和"基础会计"拖入【数值】框中）。

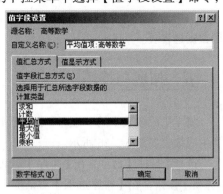

图 5-3-23　【值字段设置】对话框

（6）设置数据透视表的格式。将光标置于数据透视表区域的任意一个单元格中，切换到【数据透视表工具｜设计】选项卡，在【数据透视表样式】列表框中单击选择一种合适的表格样式，如图 5-3-24 所示。

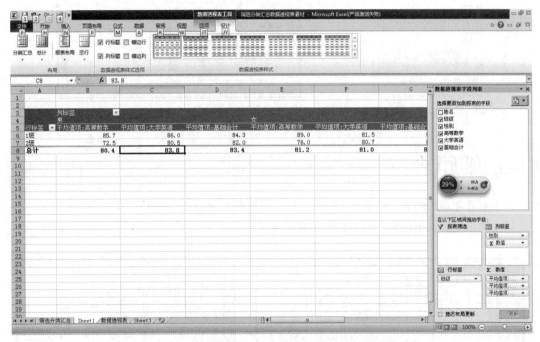

图 5-3-24　在【数据透视表样式】区域中选择一种合适的表格样式

切换到【数据透视表工具｜选项】选项卡，如图 5-3-25 所示，利用该选项卡中的命令可以对创建的数据透视表进行多项操作，也可以对数据透视表进行编辑修改。

图 5-3-25　【数据透视表工具】的【选项】选项卡

创建数据透视图的方法与创建数据透视表类似，这里不再赘述。

数据透视表是交互式报表，可快速合并大量数据。当需要对清单进行多种比较时，即可以使用数据透视表。

五、拓展与技巧

将学生成绩表中的“姓名”按姓氏笔画排序，学生成绩表如图 5-3-26 所示。

选择【排序】命令，在【排序】对话框中单击【选项】按钮，在【排序选项】对话框中选中【笔划排序】单选按钮，如图 5-3-27 所示。排序结果如图 5-3-28 所示。

姓名	班级	性别	高等数学	大学英语	总分
王大伟	1班	男	78	80	158
李博	1班	男	89	86	175
程小霞	1班	女	79	75	154
马宏军	1班	男	90	92	182
李枚	2班	女	96	95	191
丁一平	2班	男	69	74	143
张珊珊	2班	女	60	68	128
柳亚萍	2班	女	72	79	151

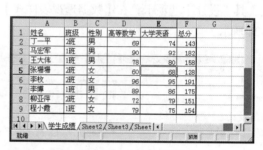

图 5-3-26　学生成绩表

图 5-3-27　选择【笔画排序】

姓名	班级	性别	高等数学	大学英语	总分
丁一平	2班	男	69	74	143
马宏军	1班	男	90	92	182
王大伟	1班	男	78	80	158
张珊珊	2班	女	60	68	128
李枚	2班	女	96	95	191
李博	1班	男	89	86	175
柳亚萍	2班	女	72	79	151
程小霞	1班	女	79	75	154

图 5-3-28　排序结果

六、创新作业

（1）对各年级成绩表按“高一”“高二”“高三”的次序排列，如图 5-3-29 所示。

（2）要求完成以下操作，结果如图 5-3-30 所示。

班级	学号	语文	数学	外语	政治	物理	化学	生物
高三	1	63	78	85	78	85	78	65
高一	2	75	57	75	90	85	68	87
高三	3	78	89	98	86	84	57	82
高三	4	86	73	84	91	81	64	68
高二	5	73	85	85	85	68	84	85
高二	6	90	75	98	75	98	66	81
高二	7	75	85	68	56	86	68	85
高二	8	85	65	89	58	65	65	89
高二	9	89	95	95	98	98	84	88
高一	10	92	92	65	87	56	85	98
高一	11	86	85	58	86	68	75	82
高一	12	88	73	87	77	75	85	78
高一	13	98	69	54	78	76	87	75
高一	14	84	68	56	68	74	68	71
高一	15	81	89	68	84	68	49	54
高一	16	98	59	76	86	87	43	82
高三	17	88	78	85	78	85	78	65
高三	18	87	57	75	90	85	68	87
高二	19	86	89	98	86	84	57	82
高二	20	82	53	69	84	84	75	89
高三	23	73	59	58	85	92	68	91
高三	24	68	65	54	94	85	58	87
高二	25	45	87	86	94	76	68	83

图 5-3-29　各年级成绩表

某软件公司人员工资表

序号	姓名	性别	部门	分公司	工资
1	段兰	女	培训部	北京	3124
2	郑明	男	软件部	南京	3420
3	李媛	女	销售部	上海	3045
4	石磊	男	培训部	南京	4078
5	陈志强	男	培训部	北京	3316
6	刘鹏	男	软件部	北京	4890
7	王晓	男	软件部	上海	5249
8	王蕾	女	销售部	南京	2987
9	杨明	男	培训部	南京	3684
10	许宏伟	男	软件部	北京	4277
11	吴静	女	软件部	上海	3601
12	廖东	男	销售部	上海	2499
13	李晓天	女	培训部	北京	5010
14	张静	女	销售部	南京	3634
15	陈前	男	销售部	上海	4011
16	申小刚	男	培训部	上海	3956
17	吴立	男	销售部	北京	3729
18	王妮	女	软件部	南京	6018

图 5-3-30　人员工资表

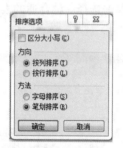

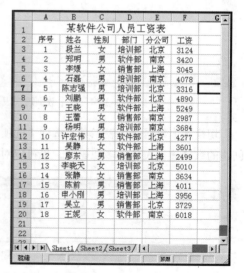

① 建立数据透视表，行标签为"部门"，列标签为"分公司"，数值为"工资"，汇总方式为【求和】。

② 设置保护工作表，使"工资"列 F3:F20 不可更改。

③ 将工作表排序，关键字为"分公司"，排列顺序为"北京""南京""上海"。

任务四　Excel 2010 图表制作

　　张同学来到江苏财经职业技术学院教务处实习，领导给他安排的工作任务是对师资数据进行统计分析，统计教师的年龄结构、职称结构和专兼职教师比例结构等。张同学利用 Excel 2010 图表功能，圆满地完成了工作任务，领导对他评价很高，他非常高兴，真正感觉到学有所用。

　　师资队伍结构是评估一个学校、一个专业建设情况的主要信息。为了更直观地显示数据统计结果，往往将统计数据图表化。Excel 2010 图表工具可以建立多种类型的数据图表，实现数据直观化的目的。

　　任务实现方法如下。

　　本节将介绍 Excel 2010 中的图表，包括创建图表和编辑图表等内容。在处理电子表格时，要对大量烦琐的数据进行分析和研究，有时需要利用图形的方式再现数据变动和发展趋势。Excel 2010 提供了强有力的图表处理功能，可以快速得到所需的图表。

一、创建图表

　　Excel 提供了丰富的图表类型，每种图表类型又有多种子类型，此外用户还可以自定义图表类型。用户准备好用于创建图表的工作表数据后，可以使用 Excel 2010 的【插入】选项卡中的【图表】功能区来创建各种类型的图表。

　　创建图表的具体操作步骤如下。

　　（1）选择创建图表所需的数据。

　　（2）单击【图表】功能区中与所需类型相对应的图表按钮，然后在下拉列表框中选择所需的子类型命令，如图 5-4-1 所示。

图 5-4-1　选择图表类型

　　（3）在【图表工具 | 布局】选项卡中对图表标题、坐标轴标题、网格线、图例、数据标签和

背景等进行设置。在【图表工具 | 设计】选项卡中进行更改图表类型、切换行/列、选择数据、设置图表布局、设置图表样式和设置图表位置等。在【图表工具 | 格式】选项卡中进行形状样式的设置。设置结束后即可完成图表的创建，如图 5-4-2 所示。

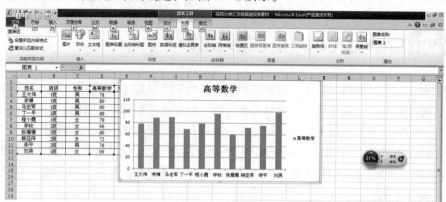

图 5-4-2　在【图表工具】/【布局】选项卡中进行设置

二、编辑图表

图表创建完毕后，可以根据需要对图表中的数据、图表对象及整个图表的显示风格等进行修改，如更改图表类型、更改数据系列产生的方式、添加或删除数据系列，以及向图表中添加文本等。

1．选择图表对象

在对图表对象进行编辑时，必须先选择它们。若要选择整个图表，只需在图表中的空白处单击即可；若要选择图表中的对象，则要单击目标对象。此外，也可以切换到【图表工具 | 格式】选项卡，在【当前所选内容】功能区的【图表元素】下拉列表框中选择所需元素的名称，以选择相应的元素。选中的图表元素外侧将出现矩形选择框。若要取消对图表或图表元素的选择，只需在图表或图表元素外的任意位置单击即可。

2．改变图表类型

图表被创建之后仍可以更改图表的类型。在 Excel 2010 中更改图表类型非常简单，只需选择图表，在【插入】选项卡的【图表】功能区中选择其他图表类型即可。

如果当前显示的是【图表工具 | 设计】选项卡，单击【类型】功能区中的【更改图表类型】按钮，如图 5-4-3 所示。在弹出的【更改图表类型】对话框中，选择【柱形图】选项卡的某一子类型，如图 5-4-4 所示，然后单击【确定】按钮。

图 5-4-3　【类型】功能区

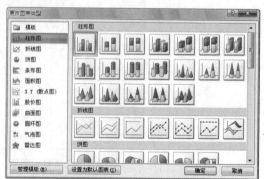

图 5-4-4　【更改图表类型】对话框

三、在工作表中建立超链接

1．建立超链接

（1）选定要建立超链接的单元格或单元格区域。

（2）鼠标右键单击，在弹出的快捷菜单中选择【超链接】命令，打开【插入超链接】对话框。

设置超链接

（3）在对话框的【链接到】列表框中单击【本文档中的位置】按钮（单击【现有文件或网页】按钮可链接到其他工作簿中），在右侧的【请键入单元格引用】文本框中输入要引用的单元格地址，在【或在此文档中选择一个位置】列表框选择一个工作表。

（4）单击对话框右上角的【屏幕提示】按钮，打开【设置超链接屏幕提示】对话框，在对话框中输入信息，当鼠标指针放置在建立的超链接位置时，显示相应的提示信息，单击【确定】按钮。

取消超链接则在已建立超链接的单元格中右键单击，在弹出的快捷菜单中选择【取消超链接】命令即可。

2．建立数据链接

（1）打开某工作表选择数据，在【开始】选项卡的【剪贴板】命令组中单击【复制】按钮复制选择的数据。

（2）打开要关联的工作表，在工作表中指定的单元格内右键单击，在弹出的快捷菜单的【粘贴选项】功能区中选择【粘贴链接】图标即可。

四、拓展与技巧

在图表中使用其他颜色填充，操作方法如下：

设置图表中的数据柱为红色，单击【绘图】工具栏上的矩形按钮，在工作表任意区域绘制一个矩形，设置其填充颜色为红色，执行【复制】操作，单击图表中的数据系列颜色柱，执行【粘贴】操作，则使选中的颜色柱变为红色。

五、创新作业

如何建立组合图表？

任务五　工作表打印

当用户制作好工作表之后，如图 5-5-1 所示，通常还需要将工作表的内容打印出来，Excel 2010 为用户提供了丰富的打印功能，如设置打印区域、页面设置、打印预览等。

工作表建立后，可以将其打印出来。在打印前建议看到实际打印效果，以免多次进行打印调整，浪费时间和纸张。Excel 2010 提供了打印前能看到实际打印效果的"打印预览"功能，实现了“所见即所得”。

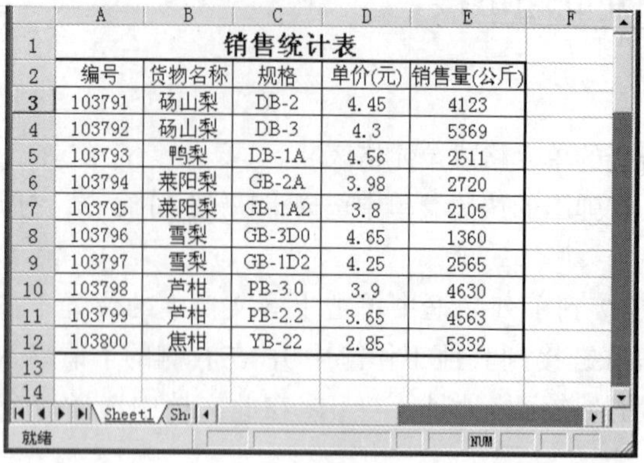

	A	B	C	D	E
1	销售统计表				
2	编号	货物名称	规格	单价(元)	销售量(公斤)
3	103791	砀山梨	DB-2	4.45	4123
4	103792	砀山梨	DB-3	4.3	5369
5	103793	鸭梨	DB-1A	4.56	2511
6	103794	莱阳梨	GB-2A	3.98	2720
7	103795	莱阳梨	GB-1A2	3.8	2105
8	103796	雪梨	GB-3D0	4.65	1360
9	103797	雪梨	GB-1D2	4.25	2565
10	103798	芦柑	PB-3.0	3.9	4630
11	103799	芦柑	PB-2.2	3.65	4563
12	103800	焦柑	YB-22	2.85	5332

图 5-5-1　销售统计表

在打印预览中，可能会发现页面设置不合适，如页边距太小、分页不适当等问题。在预览模式下可以进行调整，直到满意后再进行打印。

本任务介绍工作表的打印，包括页面设置、打印预览及打印等内容。

一、页面设置

在打印工作表之前，先要进行页面设置，在【页面布局】选项卡中进入【页面设置】功能区。

1.【页面设置】功能区

页面设置包括页边距、纸张方向、纸张大小、打印区域、分隔符、背景和打印标题等。

（1）页边距。页边距用于设置工作表的边距大小。

（2）纸张方向。纸张方向可以选择【纵向】或【横向】打印。

（3）纸张大小。纸张大小用于指定当前工作表的页面大小。如果要将特定页面应用到工作簿中的所有工作表，可在【纸张大小】下拉列表框中选择【其他纸张大小】命令，在【页面设置】对话框中切换到【页面】选项卡，从中进行所需的设置。

（4）背景。背景用于设置工作表背景图像。

2. 设置页边距

设置页边距的具体操作步骤如下。

（1）打开【页面布局】选项卡，在【页面设置】功能区中选择设置页面需要的命令。

（2）单击【页边距】按钮，打开其下拉列表框，如图 5-5-2 所示。Excel 2010 预设了 3 种页边距，可以选择需要的设置，如果都不满意，可以选择最下方的【自定义边距】命令，打开【页面设置】对话框。

（3）在【页面设置】对话框中，将【上】改为 1，【下】改为 1，在【居中方式】功能区中勾选【水平】和【垂直】复选框，如图 5-5-3 所示。

（4）单击【确定】按钮，所设置的页面布局已经出现在【页边距】下拉列表框中了，如图 5-5-4 所示。

3. 设置纸张大小及方向

（1）在【页面布局】选项卡的【页面设置】功能区中，选择设置页面需要的命令。

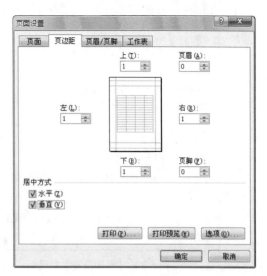

图 5-5-2　选择页边距种类　　　　　　　　　　　图 5-5-3　设置页边距

（2）单击【纸张大小】按钮，打开下拉列表框，如图 5-5-5 所示。Excel 2010 包含了很多纸张类型。这里选择"A4，210×297 毫米"，也就是普通的 A4 纸。如果要打印的内容比较特殊，在下拉列表框中没有需要的纸张类型，可以选择最下方的【其他纸张大小】命令，打开【页面设置】对话框。

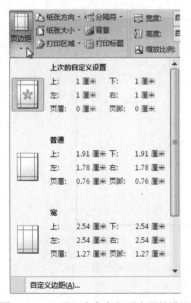

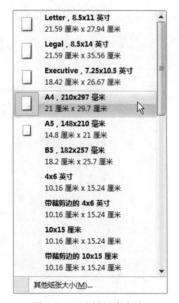

图 5-5-4　显示上次自定义页边距的设置　　　　　图 5-5-5　选择纸张大小

（3）切换到【页面设置】对话框的【页面】选项卡，在【纸张大小】下拉列表框中选择纸张大小即可，如图 5-5-6 所示。

（4）设置纸张的方向。单击【纸张方向】按钮，打开图 5-5-7 所示的下拉列表框，可以根据需要选择【纵向】或【横向】命令，这里选择【纵向】命令。

图 5-5-6 【页面设置】对话框

图 5-5-7 设置纸张方向

二、打印预览

在【文件】选项卡中单击【打印】按钮，如图 5-5-8 所示，窗口最右侧显示打印预览图。对打印预览感到满意后就可以正式打印了。单击【打印】按钮，即可开始打印。

图 5-5-8 进行打印预览

习题

一、选择题

1. 通常一个 Excel 2010 文件就是（　　　）。

    A．一个工作表　　　　　　　　　　B．一个工作表和统计表

C.　一个工作簿　　　　　　　　　　D.　若干个工作簿

2.　在 Excel 2010 工作表中，当前单元格的填充柄在其（　　　）。

　　A.　左上角　　　　　B.　右上角　　　　　C.　左下角　　　　　D.　右下角

3.　在工作表中按缺省规定，单元格中的数值在显示时（　　　）。

　　A.　靠右对齐　　　　B.　靠左对齐　　　　C.　居中　　　　　　D.　不定

4.　如果在工作表中的第 4 行和第 5 行之间插入 2 个空行，首先选取的行号是（　　　）。

　　A.　4　　　　　　　B.　5　　　　　　　　C.　4、5　　　　　　D.　5、6

5.　在 Excel 2010 的单元格中，如要输入数字字符串 0810201（学号）时，应输入（　　　）。

　　A.　0810201　　　　B.　"0810201"　　　　C.　0810201'　　　　D.　'0810201

6.　在工作表中的某个单元格内直接键入 "6-20"，Excel 2010 认为这是一个（　　　）。

　　A.　数值　　　　　　B.　字符串　　　　　C.　时间　　　　　　D.　日期

7.　为了复制一个工作表，用鼠标拖动该工作表标签到达复制位置的同时，必须按下（　　　）。

　　A.　"Alt" 键　　　　　　B.　"Ctrl" 键

　　C.　"Shift" 键　　　　　D.　"Ctrl+Shift" 组合键

8.　在工作表中，单元格区域 B6:D8 包括的单元格个数是（　　　）个。

　　A.　3　　　　　　　B.　6　　　　　　　　C.　9　　　　　　　　D.　18

9.　在单元格中输入 " = 32470+2216" 以后，该单元格默认显示（　　　）。

　　A.　=32470+2216　　B.　=34686　　　　　C.　34686　　　　　　D.　324702216

10.　在工作表中调整单元格的行高可以用鼠标拖动（　　　）。

　　A.　列标左边的边框线　　　　　　　　　B.　列标右边的边框线

　　C.　列标上边的边框线　　　　　　　　　D.　行标下边的边框线

11.　在对数字格式进行修改时，如出现 "######"，其原因为（　　　）。

　　A.　格式语法错误　　　　　　　　　　　B.　单元格长度不够

　　C.　系统出现错误　　　　　　　　　　　D.　以上答案都不正确

12.　某个单元格为 "百分比" 格式，则输入 38 时，编辑框及单元格内显示的内容为（　　　）。

　　A.　编辑框显示为 38，单元格显示为 38%

　　B.　编辑框显示为 38%，单元格显示为 38%

　　C.　编辑框显示为 0.38，单元格显示为 38%

　　D.　编辑框显示为 3800，单元格显示为 3800%

13.　将选定单元格中的内容去掉，单元格格式依然保留，称为（　　　）。

　　A.　重写　　　　　　B.　清除　　　　　　C.　改变　　　　　　D.　删除

14.　使用 Excel 2010 时，若打开多个工作簿后，在同一时刻有（　　　）个是活动工作簿。

　　A.　4　　　　　　　B.　1　　　　　　　　C.　9　　　　　　　　D.　2

15.　在 Excel 2010 中，使该单元格显示数值 0.5 的输入是（　　　）。

　　A.　1/2　　　　　　B.　=1/2　　　　　　C.　"1/2"　　　　　　D.　= "1/2"

16.　在 Excel 2010 中清单的列被认为是数据库的（　　　）。

　　A.　字段　　　　　　B.　字段名　　　　　C.　标题行　　　　　D.　记录

17.　在一数据清单中，若单击任一单元格后选择【数据丨排序】，Excel 2010 将（　　　）。

　　A.　自动把排序范围限定于此单元格所在的行

　　B.　自动把排序范围限定于此单元格所在的列

C. 自动把排序范围限定于整个清单

D. 不能排序

18. 在 Excel 2010 中，筛选后的清单仅显示那些包含了某一特定值或符合一组条件的行，（　　）。

A. 暂时隐藏其他行　　　　　　　　B. 其他行被删除

C. 其他行不改变　　　　　　　　　D. 暂时将其他行放在剪贴板上，以便恢复

19. 在 Excel 2010 中，插入一组单元格后，活动单元格将（　　）移动。

A. 向上　　　　B. 向左　　　　C. 向右　　　　D. 由设置而定

二、操作题

以所在年级的成绩数据为例，模拟教务处实施学生成绩管理（本年级至少有3个班，每个班至少有30名学生，考试科目不少于4门课程），将各任课教师传来的单项成绩单，汇总成班级成绩总表，打印每位学生的个人学期成绩单，根据各班的成绩做数据统计分析，制作图表。

要求：

（1）各班级的单科成绩应包含平时成绩、期中考试成绩和期末考试成绩。按照平时成绩占20%、期中考试成绩占30%、期末考试成绩占50%的比例，计算每位同学各门课程的学期总评成绩。

（2）分别计算各门课程的平均成绩、最高分和最低分。

（3）分别计算各门课程各分数段的等级比例并制作相关的图表。

（4）制作全班总成绩表，并按各门课程的学期总评成绩，求出每位学生的总成绩。

（5）根据总成绩，排出全班同学的学期总评成绩名次及等级，并按等级发放奖学金。

（6）用柱形图显示全班各门课程的平均分。

（7）制作每位学生的学期成绩单，并发给学生。

（8）用饼图显示各门课程各分数段的等级比例。

（9）按不同班级、不同考试科目做数据透视表和数据透视图。

单元6

PowerPoint 2010 演示文稿

演示文稿软件主要用于制作演讲、报告、教学内容的提纲，被广泛应用于学术报告、论文答辩、辅助教学、产品展示、工作汇报等场合。利用 PowerPoint 2010 可以快速制作演示文稿。演示文稿主要由若干张幻灯片组成，在幻灯片中可以很方便地插入图形、图像、艺术字、图表、表格、组织结构图、音频以及视频剪辑，也可以设置播放时幻灯片中各种对象的动画效果。

任务一　演示文稿的创建

一、PowerPoint 2010 的启动与退出

1．PowerPoint 2010 的启动

PowerPoint 2010 的启动通常采用下列 3 种方法。

（1）单击【开始】|【所有程序】|【Microsoft Office 2010】|【PowerPoint 2010】。

（2）如果在桌面上创建了 PowerPoint 2010 的快捷方式，双击其快捷方式图标，即可启动 PowerPoint 2010。

（3）双击计算机中已保存的 PowerPoint 2010 文档，启动程序并打开相应的文档。

2．PowerPoint 2010 的退出

PowerPoint 2010 的退出通常采用下列 4 种方法。

（1）单击标题栏右端的【关闭】按钮。

（2）在【文件】选项卡中单击【退出】按钮。

（3）右键单击标题栏，从弹出的快捷菜单中选择【关闭】命令。

（4）按"Alt+F4"组合键。

如果演示文稿被修改，使用以上 4 种方式退出时都会弹出提示对话框，询问是否保存更改。

二、PowerPoint 2010 窗口的组成

PowerPoint 2010 启动成功后，屏幕上出现 PowerPoint 2010 窗口，该窗口由标题栏、工具栏、工作区、大纲窗格、备注窗格和状态栏组成。

1．工作区

工作区就是用来创建和编辑演示文稿的区域，在这里可以十分直观地对演示文稿进行编辑。

2．大纲窗格

大纲窗格选项卡位于主窗口的最左侧，包含"幻灯片视图"和"大纲视图"，单击【幻灯片】选项卡或【大纲】选项卡可在两个选项卡之间进行切换。一篇"演示文稿"可包含多张幻灯片，每张幻灯片都会在大纲窗格中有一个图标，单击大纲窗格中相应的图标可以快速定位到该幻灯片。

在【大纲】选项卡中显示的是当前演示文稿的大纲结构。大纲文本由幻灯片标题和正文组成，每张幻灯片的标题都位于其数字编号和图表的旁边，每一级标题都左对齐，而下一级标题则自动缩进。

3．备注窗格

备注是指对幻灯片或幻灯片内容的简单说明。备注窗格位于工作区域的下方，用于添加与每个幻灯片内容相关的备注，并且在放映演示文稿时将它们作为打印形式的参考资料，或创建希望让观众在网页上看到的备注。在备注窗格中只能添加文字。

4．状态栏

在 PowerPoint 2010 窗口的底部是系统的状态栏，其显示当前编辑的幻灯片的序号、幻灯片的数目、演示文稿所用模板的名称等信息。在不同的视图模式下，状态栏显示的内容也不尽相同，而在幻灯片的放映视图下没有状态栏。

PowerPoint 2010 的窗口如图 6-1-1 所示。

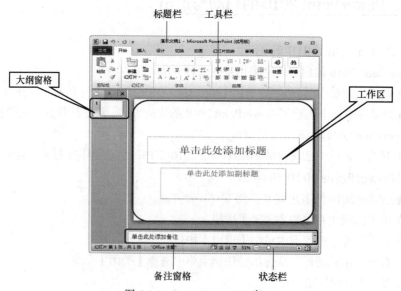

图 6-1-1　PowerPoint 2010 窗口

三、视图方式

PowerPoint 2010 提供了多种视图方式，如普通视图、大纲视图、幻灯片视图、幻灯片浏览视图、阅读视图和幻灯片放映视图。每种视图都有自己特定的显示方式和加工特色，且在一种视图中对演示文稿的修改和加工会自动反映在该演示文稿的其他视图中。视图之间的切换有两种方式：一是单击状态栏上的视图切换按钮；二是选择【视图】选项卡上的相应工具按钮。

1. 普通视图

普通视图是启动 PowerPoint 2010 时默认的视图方式，也是使用最多的视图，主要用于创建和编辑演示文稿。

一般情况下，在进行幻灯片编辑时都使用普通视图。普通视图由 3 个工作区域组成：幻灯片窗口、幻灯片/大纲选项卡和备注窗格。

（1）幻灯片窗口。幻灯片窗口是主窗口，也是 PowerPoint 2010 在默认情况下的窗口。在幻灯片窗口的编辑区，用户可以输入和编辑文字，插入与修改图像、表格、图表、音频和视频等，如图 6-1-2 所示。

（2）幻灯片/大纲选项卡。幻灯片/大纲选项卡位于普通视图的左侧。单击【幻灯片】选项卡，能够显示幻灯片上的所有内容，幻灯片将以缩略

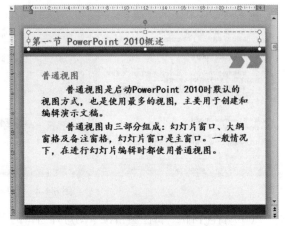

图 6-1-2　普通视图的幻灯片窗口

图的形式整齐地排列在该窗格中，方便进行幻灯片的移动、添加、删除等操作，如图 6-1-3 所示。

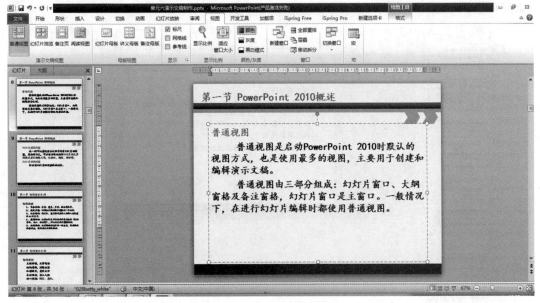

图 6-1-3　【幻灯片】选项卡

单击【大纲】选项卡，可以方便地输入演示文稿需要介绍的一系列主题，系统将根据这些主题自动生成相应的幻灯片，并且会将这些主题自动设置为幻灯片的标题，从而对幻灯片进行简单

的操作和编辑。大纲视图下幻灯片按编号从小到大的顺序排列，每张幻灯片显示幻灯片的标题，并且按层次显示主要的文本内容，适合演示文稿全部内容的浏览和编辑。在大纲视图下，还可以移动幻灯片和文本，如图6-1-4所示。

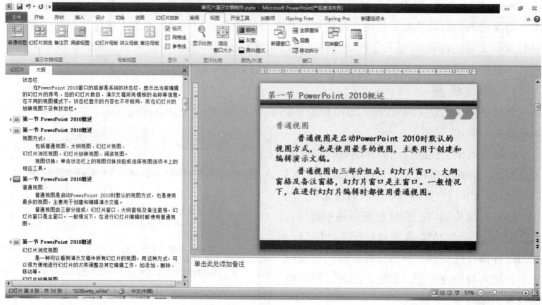

图6-1-4　【大纲】选项卡

（3）备注窗格。备注窗格位于幻灯片窗口的下方，主要用于作者编写注释与参考信息，只能添加并显示文字内容，如需添加图形、图像、表格等内容，应单击【视图】选项卡中的【备注页】按钮。图形、图片在备注窗格中不能显示出来，但在备注页视图中或打印带备注的幻灯片时，可以正常显示。备注窗格如图6-1-5所示。

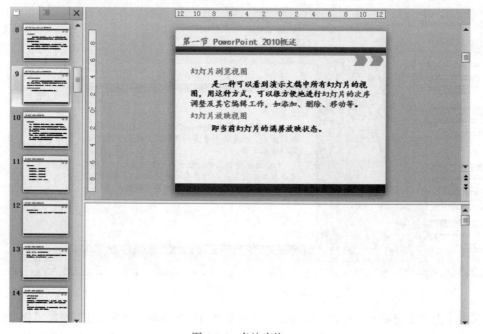

图6-1-5　备注窗格

2．幻灯片浏览视图

图 6-1-6 所示为幻灯片的浏览视图，可以看到，在幻灯片浏览视图中放置着一张张缩小了的幻灯片。在幻灯片浏览视图中，可以观看演示文稿的整体效果，并可以对幻灯片进行一些操作，如幻灯片的添加、删除、移动、复制和次序调整等。

图 6-1-6　幻灯片浏览视图

从普通视图切换到幻灯片浏览视图有两种方法。

方法 1：在【状态栏】上单击【幻灯片浏览】按钮，就切换到了幻灯片浏览视图。如果需要再次切换到普通视图，只需要单击【幻灯片浏览】按钮左侧的【普通视图】按钮即可。

方法 2：在【视图】选项卡中的【演示文稿视图】功能区中单击【幻灯片浏览】按钮就可以切换到幻灯片浏览视图。如果想再次切换到普通视图，只需在【视图】选项卡的【演示文稿视图】功能区中单击【普通视图】按钮即可，如图 6-1-7 所示。

图 6-1-7　单击【普通视图】按钮

3．阅读视图

阅读视图将大纲窗格、备注窗格、功能区的窗口元素隐藏起来，从而将演示文稿作为适应窗口大小的幻灯片放映查看，如图 6-1-8 所示。

图 6-1-8　阅读视图

4. 幻灯片放映视图

在幻灯片放映视图中，演示文稿占据了整个计算机屏幕，就像在对演示文稿进行真正的幻灯片放映一样。进入幻灯片放映阶段后，幻灯片在整个屏幕上显示出来，如图 6-1-9 所示。

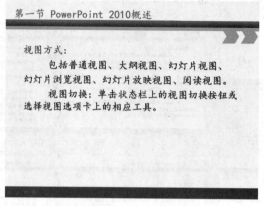

图 6-1-9　幻灯片放映视图

四、创建演示文稿

新建并保存演示文稿

演示文稿的制作过程包括以下几个方面。

① 准备素材：包括文字、图片、声音、动画等文件。

② 确定方案：对演示文稿的整个构架进行设计。

③ 初步制作：将文本、图片等对象输入或插入到相应的幻灯片中。

④ 装饰处理：设置幻灯片中的相关对象的要素（包括字体、大小、动画等），对幻灯片进行装饰处理。

⑤ 预演播放：设置播放过程中的一些要素，然后播放查看效果，满意后正式输出播放。

演示文稿的制作原则是主题鲜明，文字简练；结构清晰，逻辑性强；和谐醒目，美观大方；生动活泼，引人入胜。核心原则是醒目、美观。

一个新的演示文稿是以设计模板为基础来创建的，文件类型为 PowerPoint 演示文稿，默认的设计模板是【空白演示文稿】，每个演示文稿由不同数目的幻灯片组成。通常，创建演示文稿的方法有以下两种。

（1）创建空演示文稿。启动 PowerPoint 2010，单击【文件】|【新建】按钮，在可用模板中选择【空白演示文稿】，新的空演示文稿出现在幻灯片窗格中，如图 6-1-10 所示。

图 6-1-10　创建空白演示文稿

（2）使用模板创建演示文稿。模板控制演示文稿的外观，PowerPoint 2010 提供了许多模板，根据实际情况可以选择不同的模板。这些模版为演示文稿提供各种格式信息，包括背景图片、字体格式、配色方案、文本占位符等。

创建过程：单击【文件】|【新建】|【样本模板】按钮，如图 6-1-11 所示，选择需要的模板。

图 6-1-11   使用模板创建演示文稿

通常，创建新演示文稿需要设置幻灯片大小。操作方法是：单击【设计】|【页面设置】命令。在弹出的【页面设置】对话框中设置幻灯片大小、宽度和高度，幻灯片方向等，如图 6-1-12 所示。

图 6-1-12   页面设置

五、保存演示文稿

与 Word 电子文档、Excel 电子表格类似，演示文稿全部或部分制作完成后，需要保存起来。操作方法是：单击快速访问工具栏中的【保存】按钮，或单击【文件】|【保存】命令。如果要修改演示文稿文件名、位置，或将其保存为不同的文件类型，则可单击【文件】|【另存为】命令。PowerPoint 2010 演示文稿的默认扩展名为 pptx。

六、打印演示文稿

打印演示文稿的操作方法是：单击快速访问工具栏中的【快速打印】按钮，或单击【文件】|

【打印】命令。在【打印】页面上可以进行打印设置，可设置【打印全部幻灯片】【打印所选幻灯片】【打印当前幻灯片】【自定义范围】，如图 6-1-13 所示。

打印版式可选择打印【整页幻灯片】【备注页】【大纲】，打印讲义可选择每页打印的幻灯片数目，如 1 张、2 张、3 张、4 张、6 张、9 张等，如图 6-1-14 所示。

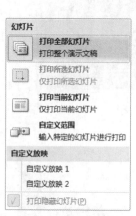

图 6-1-13　打印设置

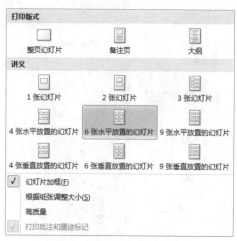

图 6-1-14　打印版式和讲义

打印内容可以是彩色的，可以是灰色的，也可以是黑白的。操作方法是：单击【打印】|【颜色】命令。

任务二　演示文稿的编辑

演示文稿创建后，需要进行各种基本操作，插入各种类型的对象。

一、幻灯片的基本操作

演示文稿由一定数目的幻灯片组成，对幻灯片的编辑也就是对演示文稿的修改。幻灯片的基本操作包括幻灯片的插入、复制、删除和隐藏等。在对幻灯片进行基本操作之前，要选定幻灯片。若选择单张幻灯片，直接单击该张幻灯片即可；如果选择连续多张幻灯片，可按"Shift"键后再单击首尾幻灯片；选择不连续多张幻灯片，可按"Ctrl"键再单击需要选定的幻灯片；全选幻灯片，按"Ctrl+A"组合键。

1．插入幻灯片

每张新幻灯片的尺寸大小都相同，插入的位置在当前光标的后面或在选定幻灯片的下方。每次只能插入一张幻灯片。

（1）插入新幻灯片。操作方法如下。

单击【开始】|【新建幻灯片】按钮。在其下拉列表中选择某一种版式，如图 6-2-1 所示。

（2）插入已有的幻灯片。如果需要在当前演示文稿中插入已经在其他演示文稿中存在的幻灯片，可使用剪贴板的复制功能，以减少重复工作，提高效率。

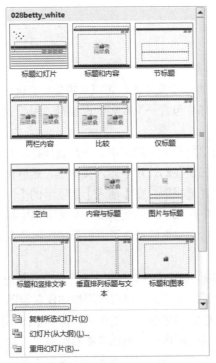

图 6-2-1　幻灯片版式

2．调整幻灯片次序

（1）选中需要调整次序的幻灯片。

（2）单击【剪切】按钮，将光标移动到目标位置。

（3）单击【粘贴】按钮，此时选中的幻灯片将移动到当前幻灯片之后。

在幻灯片视图或幻灯片浏览视图中，拖动幻灯片到目标位置也可以实现移动操作。

3．复制幻灯片

（1）选中需要复制的幻灯片。

（2）单击【复制】按钮，将光标移动到目标位置。

（3）单击【粘贴】按钮，此时选中的幻灯片将复制到当前幻灯片之后。

在幻灯片视图或幻灯片浏览视图中，按"Ctrl"键拖动幻灯片到目标位置也可以实现复制操作。

复制并移动幻灯片

4．删除、隐藏幻灯片

（1）删除幻灯片。

① 选中需要删除的幻灯片。

② 右键单击要删除的幻灯片，在出现的快捷菜单中选择【删除幻灯片】命令，删除幻灯片。也可以按"Delete"键删除幻灯片。

（2）隐藏幻灯片。根据实际需要，有时需要将部分幻灯片隐藏起来，而不必将这些幻灯片删除。被隐藏的幻灯片在放映时不播放，幻灯片的编号上有"\"标记。隐藏幻灯片的操作方法是：右键单击需要隐藏的幻灯片，在其快捷菜单中选择【隐藏幻灯片】命令。若要取消隐藏，则在弹出的快捷菜单中再次选择【隐藏幻灯片】命令即可取消隐藏。

二、插入对象

1. 添加文本

在 PowerPoint 2010 中，文本位于文本占位符或文本框中。所谓占位符，就是指幻灯片中一种带有虚线的矩形框，大多数幻灯片包含一个或多个占位符，用于放置标题、正文、图片、图表和表格等对象。

可以通过以下 3 种方法向幻灯片中添加文字：一是直接在幻灯片的文本占位符中输入文字；二是在大纲窗格中输入文字；三是在幻灯片中插入文本框，然后在文本框中输入文字。第 3 种方法的具体操作步骤是：切换到普通视图，在【插入】选项卡的【文本】功能区中单击【文本框】按钮，用户可以直接在幻灯片中插入不同的文本框，在文本框中输入文本来实现幻灯片中文本的输入。这种方法实用性很强，对文本框的修改可以根据情况随意变化。

2. 导入图片

在 PowerPoint 2010 中可以利用多种方法来获取外部图形文件，可以直接超链接到下载或复制的图像文件，可以直接用扫描仪获取图像文件，也可以从数码相机中获取图像文件。这些图像都属于光栅图，与矢量图不同。不同的光栅图形有不同文件格式，格式不同的图形其大小和品质差别很大。常见的图形格式有联合图像专家组（JPG 或 JPEG）、图形交换格式（GIF）、便携式网络图形（PNG）、位图（BMP）、标签图像文件格式（TIF 或 TIFF）。

例如，在当前幻灯片中导入图片。

（1）在当前幻灯片中单击【插入】|【图像】|【图片】按钮，弹出【插入图片】对话框，如图 6-2-2 所示。

图 6-2-2 【插入图片】对话框

（2）单击选中图片文件名，再单击【插入】按钮或双击该图片，完成图片的插入操作。

（3）根据当前幻灯片的情况来调整该图片的位置和大小。

图片导入后，在 PowerPoint 2010 窗口中自动会出现一个【图片工具】选项卡。可以通过它对图片进行各种效果处理，如删除背景、调整颜色、设置图片样式、裁剪等。当幻灯片中有多幅图片时，还可以运用【图片工具】选项卡中的【上移一层】或【下移一层】按钮来改变它们的上下层次关系。

3．添加剪贴画

（1）插入剪贴画。在【插入】选项卡的【图像】功能区中单击【剪贴画】按钮，在窗口右侧的其他任务窗格中显示剪贴画窗格，用户可以在此窗格中进行搜索。可以在【搜索文字】文本框中输入相应的关键字进行查找，如"地图"，也可以直接在下方的列表框中选择剪贴画，如图 6-2-3 所示。

图 6-2-3　插入剪贴画

（2）修整剪贴画。在幻灯片中对剪贴画的调整与在 Word 中调整图片的操作方法基本相同。选中对应的剪贴画后，直接利用鼠标拖动，或单击鼠标右键，在弹出的快捷菜单中进行选择，可以调整剪贴画的位置、角度、大小等。

4．添加图形和艺术字

操作方法如下。

（1）在【插入】选项卡的【插图】功能区中单击【形状】按钮，选中某个图形后，在当前幻灯片中即可拖动绘制出相应的图形，如图 6-2-4 所示。

插入艺术字

（2）按住"Shift"键，选定直线形状可以画出笔直的线，选定矩形可以画出正方形，选定椭圆时，可以画出正圆。

（3）在【插入】选项卡的【文本】功能区中单击【艺术字】按钮，选择某个艺术字样式并进行编辑，即可插入艺术字。

5．添加 SmartArt 图形

SmartArt 图形是从 PowerPoint 2007 开始添加的一种图形功能，它能够直观地表现各种层级关系、附属关系、并列关系或循环关系等常用的关系结构。SmartArt 图形在样式设置、形状修改以及文字美化等方面与图形和艺术字的设置方法完全相同。

在幻灯片中添加 SmartArt 图形的操作步骤如下。

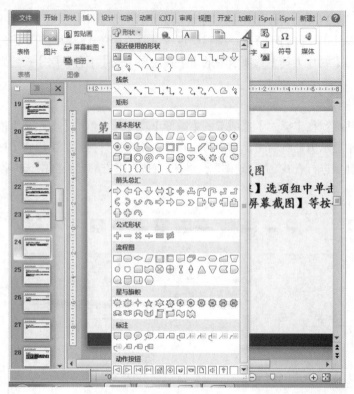

图 6-2-4　插入形状

（1）在当前幻灯片中单击【插入】|【插图】|【SmartArt】按钮，弹出【选择 SmartArt 图形】对话框，如图 6-2-5 所示。

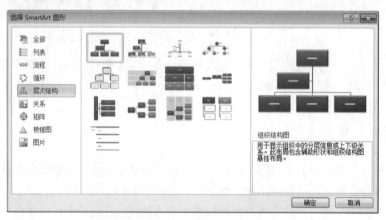

图 6-2-5　【选择 SmartArt 图形】对话框

（2）从左侧的列表框中选择一种类型，再从右侧的列表框中选择子类型，单击【确定】按钮，即可创建一个 SmartArt 图形。

（3）输入图形中所需的文字。

（4）如果需要在原有 SmartArt 图形基础上添加形状，可单击【SmartArt 工具】|【设计】|【添加形状】按钮，弹出其下拉菜单。要在该形状后面插入一个形状，可在下拉菜单中单击【在后面添加形状】命令；要在其之前插入一个形状，可单击【在前面添加形状】命令；要在所选形状的上一级插入一个形状，可单击【在上方添加形状】命令；要在所选形状的下一级插入一个形状，

可单击【在下方添加形状】命令。

6. 添加表格

如果需要在幻灯片中添加排列整齐的数据，可以使用表格来完
成。其操作步骤如下。

（1）在当前幻灯片中单击【插入】|【表格】|【插入表格】按钮，
弹出【插入表格】对话框，如图 6-2-6 所示。

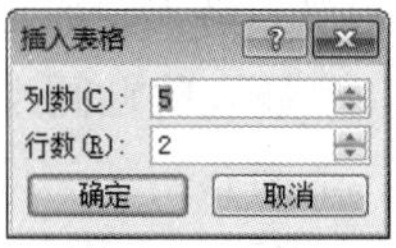

（2）输入需要的列数和行数。

（3）表格建立好后，在单元格中输入文本。

图 6-2-6　【插入表格】对话框

7. 添加图表

用图表来表示数据，可以使数据更容易理解。默认情况下，在创建好图表后，需要在关联的
Excel 数据表中输入图表需要的数据。当然，如果用户事先准备好了 Excel 格式的数据表，也可以
打开相应的工作簿并选择所需要的数据区域，将其添加到 PowerPoint 图表中。向幻灯片中插入图
表的操作步骤如下。

（1）在当前幻灯片中单击【插入】|【图表】按钮，弹出【插入图表】对话框，如图 6-2-7 所示。

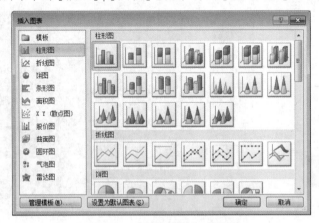

图 6-2-7　【插入图表】对话框

（2）在对话框的左侧的列表框中选择图表的类型，在右侧的列表框中选择图表子类型，单击
【确定】按钮。此时会自动启动 Excel，用户将工作表中的数据修改成需要的数据后，幻灯片中的
图表将自动更新，如图 6-2-8 所示。

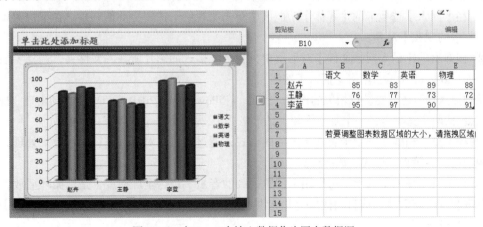

图 6-2-8　在 Excel 中输入数据作为图表数据源

8. 插入视频

视频是解说产品的比较理想的方式，可以为演示文稿增添活力。建议使用 PowerPoint 中直接支持的视频格式，如 avi、mpg、wmv 和 asf 等。

（1）插入剪贴画视频。在安装 Office 2010 时，系统就自动安装了剪辑管理器，其自带了许多视频，下面介绍如何将剪辑管理器中的视频插入幻灯片中，操作步骤如下。

① 打开一个演示文稿文件。

② 在【插入】选项卡的【媒体】功能区中单击【视频】按钮上的倒三角，在弹出的下拉菜单中选择【剪贴画视频】命令。

③ 在右侧打开的【剪贴画】任务窗格中选择图 6-2-9 所示的视频。

④ 对插入的视频的位置和大小进行调整，效果如图 6-2-10 所示。

图 6-2-9　选择剪贴画视频　　　　　　图 6-2-10　视频位置和大小调整后的效果

（2）插入文件中的视频

如果想在幻灯片中插入文件中保存的视频，操作步骤如下。

① 在【插入】选项卡的【媒体】功能区中单击【视频】按钮上的倒三角，在下拉菜单中选择【文件中的视频】命令。

② 在弹出的【插入视频文件】对话框中，找到要插入的影片所在的文件夹，选择要插入的影片，如图 6-2-11 所示，单击【插入】按钮。

视频插入后，还需要进行相关的设置。此时，在 PowerPoint 2010 窗口中会自动出现"视频工具"，它包括两个选项卡，一个是【视频工具｜格式】，另一个是【视频工具｜播放】。

【视频工具｜格式】选项卡类似于图片的格式，通过它可以对视频进行各种效果处理，如调整视频颜色、设置视频样式、裁剪等。

【视频工具｜播放】选项卡可以用来设置视频的音量、是否全屏播放、是否循环播放，还可以设置视频在单击时播放或自动播放，并能设置视频的播放起始点等。【视频工具｜播放】选项卡如图 6-2-12 所示。

图 6-2-11　【插入视频文件】对话框

图 6-2-12　【视频工具｜播放】选项卡

9．插入音频

在幻灯片中插入声音，能够吸引观众的注意力和提升他们的新鲜感。幻灯片的背景声音可以是位于计算机、网络或 Microsoft 剪辑管理器中的音乐文件，也可以是用户录制的自己的声音或 CD 中的音乐。

（1）插入剪贴画音频。要使用剪辑管理器中的声音作为幻灯片的背景音乐，选择所需幻灯片后，在【插入】选项卡的【媒体】功能区中单击【音频】按钮上的倒三角，在其下拉菜单中选择【剪贴画音频】命令，如图 6-2-13 所示。在窗口右侧打开的【剪贴画】任务窗格中选择图 6-2-14 所示的声音。

图 6-2-13　选择剪贴画音频　　　　　　　　图 6-2-14　选择声音

173

（2）插入文件中的声音。除了剪辑管理器中的单调声音外，还可以将计算机上的其他声音文件插入幻灯片中，下面介绍将计算机中的声音文件插入幻灯片中的方法。

① 选择所需的幻灯片后，在【插入】选项卡的【媒体】功能区中单击【音频】按钮上的倒三角，在其下拉菜单中选择【文件中的音频】命令。

② 在弹出的【插入音频】对话框中找到要插入的声音文件所在的目录，选择要插入的声音即可，如图 6-2-15 所示。

图 6-2-15 【插入音频】对话框

将声音插入幻灯片后，幻灯片上会出现一个代表该声音文件的图标。用户除了可以将声音设置为幻灯片放映时自动开始或单击时开始播放外，还可以将其设置为带有时间延迟的自动播放，或将其作为动画片段的一部分进行播放。

任务三 演示文稿的外观设置

一个优秀的演示文稿，应该具有一个统一的外观风格。因此，应当从主题、背景、母版等方面进行外观设置。

一、主题设置

PowerPoint 2010 为用户提供了多种内置的主题样式，用户可以根据需要选择不同的主题样式来设计演示文稿。

为幻灯片应用一种主题，操作步骤是：在【设计】选项卡中单击【主题】选项组右侧的下拉按钮打开【主题库】下拉列表框，在【主题库】下拉列表框中选择某一个主题。将鼠标指针移动到某一个主题上，就可以实时预览到相应的效果。最后单击某一个主题，就可以将该主题快速应用到整个演示文稿中，如图 6-3-1 所示。

如果对主题效果的某一部分元素不够满意，可以通过【主题】选项组右侧的【颜色】、【字体】或【效果】按钮进行修改。例如，单击【颜色】按钮，在其下拉列表中选择一种自己喜欢的颜色，如图 6-3-2 所示。

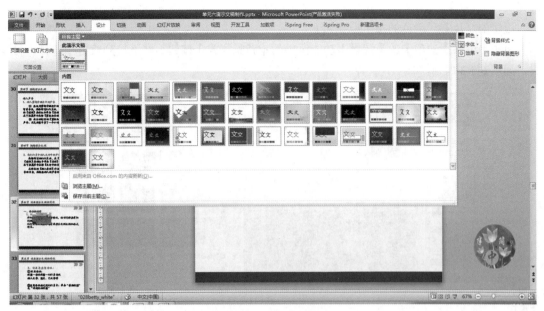

图 6-3-1　主题设置

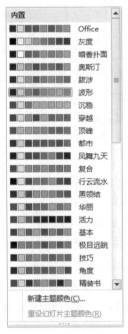

图 6-3-2　主题颜色设置

二、背景设置

除了进行上面的主题设置外，还可以根据个人喜好，将纯色、过渡色、纹理或图片设置为幻灯片的背景。

在很多情况下，需要相对单调的背景。例如，进行比较时，使用纯色作为背景色是更理想的选择。

设置幻灯片背景颜色的操作步骤如下。

单击【设计】选项卡的【背景】功能区中的【背景样式】按钮，在下拉列表框中选择一种样式，如图 6-3-3 所示。

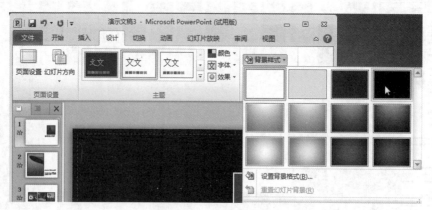

图 6-3-3　选择背景样式

在【背景样式】下拉列表框中，如果对背景样式不满意，也可以选择【设置背景格式】命令，打开【设置背景格式】对话框；然后在【填充】选项卡中选中【纯色填充】单选按钮；在【颜色】下拉列表框中选择图 6-3-4 所示的颜色。

在【设置背景格式】对话框中，【填充】选项卡中除了【纯色填充】外，还包括【渐变填充】【图片或纹理填充】【图案填充】几种填充模式，分别可以在幻灯片中设置渐变色、插入图片背景和用图案填充背景。

选择【渐变填充】单选按钮时，可以根据需要预设颜色，如"雨后初晴"，如图 6-3-5 所示。还可以选择类型，如【线性】【射线】【矩形】【路径】【标题】的阴影。这里的【线性】对应"直线"，【射线】对应"圆形"；【矩形】对应"矩形"；【路径】实际上是指依据形状的边框填充。也就是说，

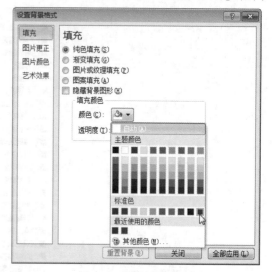

图 6-3-4　选择背景颜色

如果形状是三角形，就按三角形渐变填充；形状是五边形，就按五边形填充；标题的阴影是根据标题框的位置确定的。

选择【图片或纹理填充】单选按钮时，在【插入自】功能区中有 3 个按钮：一个是【文件】，可选择来自计算机本地的 PPT 背景图片；一个是【剪贴板】，可选择来自剪贴板的背景图片；一个是【剪切画】，可搜索"office.com"提供的背景图片。单击【纹理】右侧的下拉按钮，可以设置纹理的类型，如"水滴""蓝色面巾纸"等，如图 6-3-6 所示。

上述设置只是为当前幻灯片设置了背景效果，如果想要全部幻灯片应用相同的背景，则单击【设置背景格式】对话框右下角的【全部应用】按钮。

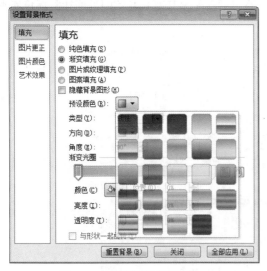

图 6-3-5　渐变填充预设颜色

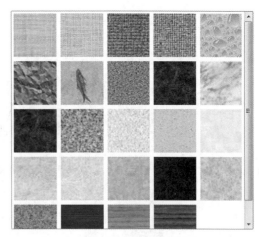

图 6-3-6　纹理类型

三、母版设置

如果需要对幻灯片的整体风格进行修改，使它们具有相同的格式，就要用到母版设置。母版分为幻灯片母版、讲义母版和备注母版 3 种。

幻灯片母版为除"标题幻灯片"外的一组或全部幻灯片提供下列样式。

（1）"自动版式标题"的默认样式。

（2）"自动版式文本对象"的默认样式。

（3）"页脚"的默认样式，包括"日期时间区""页脚文字区"和"页码数字区"等。

（4）统一的背景颜色或图案。

幻灯片母版是幻灯片层次结构中的顶层幻灯片，用于存储有关演示文稿的主题和幻灯片版式的信息，包括背景、颜色、字体、效果、占位符大小和位置等。

每个演示文稿至少包含一个幻灯片母版。使用幻灯片母版可以对演示文稿中的每张幻灯片（包括之后添加到演示文稿中的幻灯片）进行统一的样式更改。通常可以使用幻灯片母版进行下列操作。

（1）更改字体或项目符号。

（2）插入要显示在多张幻灯片上的艺术图片（如单位徽标）。

（3）更改占位符的位置、大小和格式。

讲义母版提供在一张打印纸上同时打印 1、2、3、4、6、9 张幻灯片的讲义版面布局设置和"页眉与页脚"的默认样式。

备注母版向各幻灯片添加"备注"文本的默认样式。

1．设置与应用母版

单击【视图】|【幻灯片视图】命令，即可进入幻灯片母版的编辑模式，如图 6-3-7 所示。

从左侧的预览栏中可以看出，PowerPoint 2010 提供了 12 张默认幻灯片母版页面。其中，第一张为基础页，对它进行的设置会自动在其余的页面上显示；第二张一般用于封面，所以要使封面不同于其他页面，可以改变第二张页面。当第二张页面发生变化时，其余的页面还是保持原来的状态。

图 6-3-7　幻灯片视图

在幻灯片母版中插入需要出现在所有幻灯片中的文字、图片、艺术字等，如图 6-3-8 所示。单击【普通视图】或【关闭母版视图】按钮，即可应用母版格式到幻灯片中。设置幻灯片母版后的效果如图 6-3-9 所示。

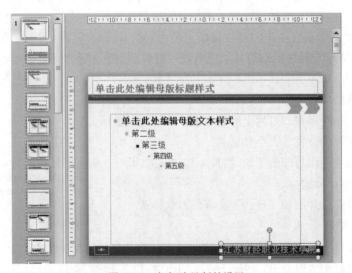

图 6-3-8　幻灯片母版的设置

图 6-3-9　幻灯片母版的设置效果

2. 删除幻灯片母版

如果用户不需要很多主题的母版，可根据设计需要调整母版页面数量，保留需要的母版页面，将多余的母版页面删除掉。

方法 1：选择需要删除的幻灯片母版后，在【幻灯片母版】选项卡的【编辑母版】功能区中单击【删除幻灯片】按钮。

方法 2：在需要删除的幻灯片母版上右键单击，从弹出的快捷菜单中选择【删除母版】命令，如图 6-3-10 所示。

图 6-3-10　删除母版

3. 插入幻灯片母版

在【幻灯片母版】选项卡的【编辑母版】功能区中单击【插入幻灯片母版】按钮，就可以插入一个新的母版，如图 6-3-11 所示。

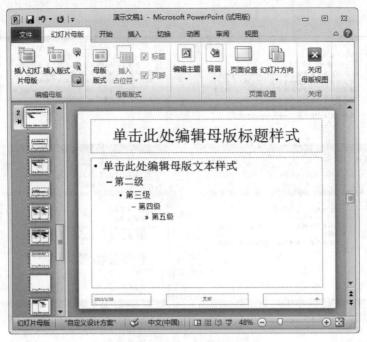

图 6-3-11　插入幻灯片母版

4．保存幻灯片母版

设置好母版以后，在该演示文稿中新建幻灯片时，新建幻灯片的背景将与母版的背景相同，但是，新建演示文稿后，如果要使新的演示文稿幻灯片采用母版背景，这就需要将母版保存为模板。

将幻灯片母版保存为演示文稿模板的具体方法如下。

（1）在【文件】选项卡中单击【另存为】按钮。

（2）在【另存为】对话框中选择保存文件的位置，将文件的【保存类型】设置为【PowerPoint模板】，输入文件名，单击【保存】按钮即可，如图 6-3-12 所示。

图 6-3-12　保存幻灯片母版

5. 使用幻灯片母版创建演示文稿

在【文件】选项卡中单击【新建】按钮，选择【我的模板】中的模板进行创建，如图 6-3-13 所示。

图 6-3-13　使用幻灯片母版创建新演示文稿

任务四　演示文稿的完善

在幻灯片中添加内容并统一幻灯片的外观后，并不意味着一份演示文稿就制作完成了，用户还可以通过为幻灯片添加动作按钮和超链接来实现幻灯片的跳转，添加动画效果和切换方案来丰富演示文稿的视觉效果，从而使演示文稿更加精美。

一、动作按钮

演示文稿是由一张张的幻灯片组成的，系统默认按照上一张幻灯片到下一张幻灯片的顺序进行放映，但是，很多时候用户需要利用到之前放映过的某张幻灯片，这时就可以通过设置动作按钮，来实现返回或其他的动作操作，具体的步骤如下。

打开幻灯片文件，选择【插入】|【形状】|【动作按钮】功能区，如图 6-4-1 所示。

图 6-4-1　动作按钮

选择需要的按钮类型，在幻灯片上绘制出按钮，在弹出的【动作设置】对话框中设置按钮要执行的动作，如【超链接】到【第一张幻灯片】，然后单击【确定】按钮，如图 6-4-2 所示。这样，在幻灯片放映时，单击该页的按钮，就可以跳转到第一张幻灯片了。

如果需要更改动作设置，则右键单击动作按钮，在弹出的快捷菜单中选择【编辑超链接】命令，就可以再次打开【动作设置】对话框，重新进行动作设置。

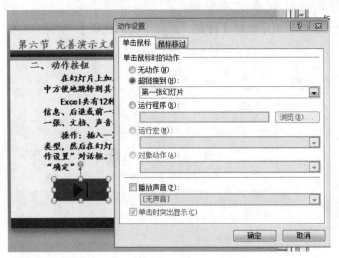

图 6-4-2　动作设置

如果需要编辑按钮的格式，则右键单击动作按钮，在弹出的快捷菜单中选择【设置形状格式】命令。

二、超链接

超链接用于幻灯片快速跳转到链接的对象，可以使用超链接在演示文稿内做出方便的导航条。

在 PowerPoint 2010 中，创建超链接的方法如下。

选中要添加超链接的链源，即文本、动作按钮、图形或者图像等，选择【插入】|【链接】|【超链接】命令，也可以在链源上鼠标右键单击，打开快捷菜单，选择【超链接】命令。此时，将打开图 6-4-3 所示的对话框。

图 6-4-3　【插入超链接】对话框

如果要链接到本机的某个文件，则单击【现有文件或网页】图标，直接在【查找范围】下拉列表中选择文件的位置，选择该文件即可；如果要添加网页超链接，则单击【现有文件或网页】图标，在【地址】文本框中输入地址；如果要跳转到某一张幻灯片，则可以单击【本文档中的位置】图标选项选择要跳转的幻灯片；如果要链接到邮箱，则可以单击【电子邮件地址】图标，在【电子邮件地址】文本框中输入电子邮箱地址。

如果想删除超链接，则右键单击动作按钮，在弹出的快捷菜单中选择【取消超链接】命令。

三、动画效果

制作演示文稿时用户不仅需要精心设计内容，还需要在演示效果上下工夫。为了取得良好的播放效果，动画效果的使用是必不可少的。PowerPoint 2010 动画效果主打绚丽，相比之前版本的演示文稿动画，PowerPoint 2010 展示出了强大的动画效果制作功能。

设置幻灯片动画效果

PowerPoint 2010 的动画种类有 4 种，分别是进入、强调、退出和动作路径。"进入"是指对象"从无到有"。"强调"是指对象直接显示后再出现的动画效果。"退出"是指对象"从有到无"。"动作路径"是指对象沿着已有的或者用户绘制的路径运动。

动画设置的方法如下。

选中需要设置动画效果的图片、文字等对象，再选择【动画】|【添加动画】命令，在动画效果下拉列表框上，单击选择需要的动画效果即可。动画效果窗口如图 6-4-4 所示。

图 6-4-4 动画效果窗口

可以单独使用以上 4 种动画效果中的任何一种，也可以将多种效果组合在一起。例如，可以对一行文本应用【飞入】进入效果及【陀螺旋】强调效果，使它飞入并旋转起来。方法是：设置好【飞入】动画效果后，再单击【添加动画】按钮，选择【陀螺旋】强调动画。单击【动画】|【动画窗格】命令，能够看到动画窗格出现在幻灯片窗口右侧，如图 6-4-5 所示。

单击【效果选项】按钮，可以对动画出现的方向、序列等进行调整。

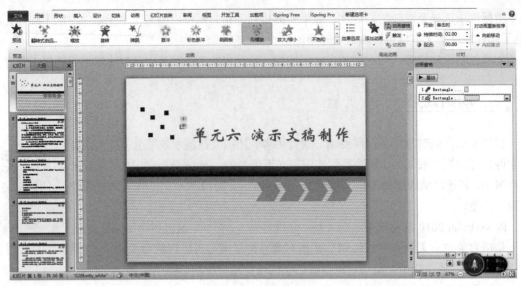

图 6-4-5　动画组合

　　动画的开始时间默认为【单击时】，如果单击【开始】后的下拉按钮，则会出现【与上一动画同时】和【上一动画之后】选项。顾名思义，如果选择【与上一动画同时】，那么此动画就会和同一张幻灯片中的前一个动画同时出现（包含过渡效果）；选择后者就表示该动画在上一动画结束后立即出现。如果有多个动画，建议选择后两种动画开始方式，这样对于幻灯片的总体时间比较好把握。

　　调整【持续时间】选项，可以改变动画出现的快慢。

　　调整【延迟】选项，可以让动画在【延迟】选项设置的时间后开始出现，该选项对于动画之间的衔接特别重要，便于观众看清楚前一个动画的内容。

　　如果需要调整一张幻灯片里多个动画的播放顺序，则单击一个对象，在【对动画进行重新排序】下单击【向前移动】或【向后移动】按钮。更为直接的办法是单击【动画窗格】按钮，在动画窗格中拖动每个动画，改变其上下位置，就可以调整动画出现的顺序。

　　如果想删除某一动画，则在【动画窗格】中的该动画上单击鼠标右键，选择【删除】命令即可。

　　如果希望在多个对象上使用同一个动画，则先在已有动画的对象上单击鼠标左键，再单击【动画刷】命令，如图 6-4-6 所示，此时鼠标指针旁边会出现一个小刷子图标。用这种格式的鼠标单击另一个对象（文字、图片均可），则两个对象的动画效果完全相同，这样可以节约很多时间。

图 6-4-6　动画刷

　　路径动画可以让对象沿着一定的路径运动，PowerPoint 2010 提供了几十种路径。选择【添加动画】|【其他动作路径】命令，将打开图 6-4-7 所示的【添加动作路径】对话框。选择其中的一种动画效果，幻灯片放映时对象将沿着这个效果预设的路径运动。

　　如果【添加动作路径】对话框中没有自己需要的样式，可以选择【添加动画】|【自定义路径】命令，如图 6-4-8 所示。

　　此时，鼠标指针变成一支铅笔，可以用这支铅笔绘制想要的动画路径。如果想使绘制的路径更加完善，可以在路径的任一点上单击鼠标右键，选择【编辑顶点】命令，从而通过拖动线条上的每个顶点或线段上的任一点调节曲线的弯曲程度。

图 6-4-7　【添加动作路径】对话框

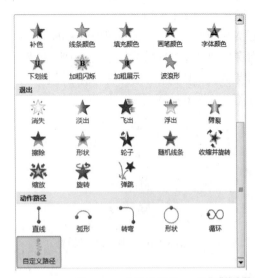

图 6-4-8　自定义路径

四、切换方案

　　演示文稿放映过程中由一张幻灯片进入另一张幻灯片的过程就是幻灯片的切换。在播放演示文稿时，添加恰当的幻灯片切换效果可以让整个放映过程体现出一种连贯感，增加许多趣味性，从而使观众集中精力。在 PowerPoint 2010 中，设置幻灯片切换效果将比以往版本更加简单。PowerPoint 2010 为用户提供了多种幻灯片的切换效果，分为细微型、华丽型和动态内容 3 类。

　　通过【切换】选项卡可以设置幻灯片的切换效果，选择【切换方案】下拉列表框中的一种效果，如【立方体】，则当前幻灯片将会以【立方体】效果进行切换，如图 6-4-9 所示。

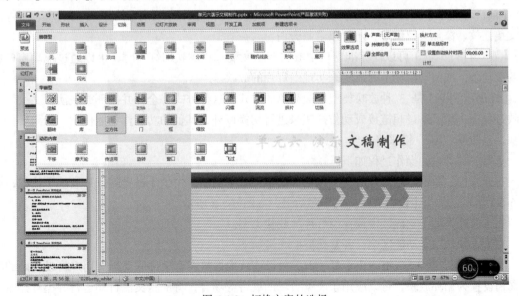

图 6-4-9　切换方案的选择

185

单击切换方案右侧的【效果选项】按钮，可以设置切换效果的方向或进行其他具体调整。例如，在【效果选项】下拉菜单中选择【自左侧】命令，则幻灯片应用【立方体】效果时，将从左侧向右旋转，如图 6-4-10 所示。

设置好切换效果后，如果想使所有的幻灯片应用此切换效果，则单击【全部应用】按钮。

如果需要调整切换效果的速度，则将【持续时间】框中的数值增加即可。

如果需要在切换时伴有声音，则选择【声音】下拉列表框中的某个选项即可，如【爆炸】、【打字机】等，如图 6-4-11 所示。

图 6-4-10　切换效果的设置

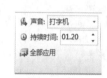

图 6-4-11　持续时间和声音的设置

任务五　演示文稿的放映打包

演示文稿制作好后，就可以播放了。为了获得更好的播放效果，在正式播放演示文稿之前，还需要进行一些先期设置，如设置放映方式、自定义幻灯片的播放顺序等。

一、设置放映方式

在默认情况下，PowerPoint 2010 会按照预设的演讲者放映方式来放映演示文稿，但放映过程需要人工控制。这种放映方式称为【演讲者放映】方式。在 PowerPoint 2010 中，还有两种放映方式：一是【观众自行浏览】，二是【在展台浏览】。

【演讲者放映】是指在放映过程中全屏显示演示文稿。演讲者能控制幻灯片的放映、暂停演示文稿播放、添加会议细节，还可以录制旁白。

【观众自行浏览】可以在标准窗口中放映演示文稿。在放映幻灯片时，可以通过拖动窗口右侧的滚动条，或滚动鼠标上的滚轮来实现幻灯片的放映。

【在展台浏览】是 3 种放映类型中最简单的方式，这种方式将全屏并循环放映演示文稿。在放映过程中，除了通过超链接或动作按钮来进行切换以外，其他的功能都不能使用，如果要停止放映，只能按 "Esc" 键来终止。

选择放映类型的操作过程如下。

打开文档，单击【幻灯片放映】选项卡的【设置】功能区中的【设置幻灯片放映】按钮，如图 6-5-1 所示。弹出【设置放映方式】对话框，如图 6-5-2 所示。

在【放映类型】功能区中选择幻灯片的放映类型。

在【放映选项】功能区中，各复选框的含义如下。

【循环放映，按 ESC 键终止】复选框：可以连续地播放声音文件或动画。用户将设置好的演示文稿设置为循环放映，可以应用于展览会场的展台等场合，将演示文稿自动运行并循环播放。

在播放完最后一张幻灯片后，自动跳转至第一张幻灯片，而不是结束放映，直到用户按"Esc"键退出放映状态为止。

图 6-5-1　单击【设置幻灯片放映】按钮

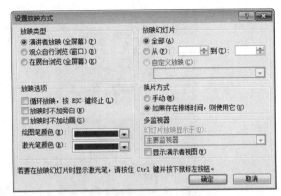

图 6-5-2　【设置放映方式】对话框

【放映时不加旁白】复选框：在放映演示文稿时不播放嵌入的解说词。

【放映时不加动画】复选框：在放映演示文稿时不播放嵌入的动画。

二、设置放映时间

使用排练计时，可以为每张幻灯片设置放映时间，使演示文稿能够按照设置的排练计时时间自动放映，操作步骤如下。

（1）打开文档，单击【幻灯片放映】选项卡的【设置】功能区中的【排练计时】按钮，如图 6-5-3 所示。

（2）此时就会启动幻灯片的放映，与普通放映不同的是，每张幻灯片的左上角出现了一个图 6-5-4 所示的【预演】计时对话框。

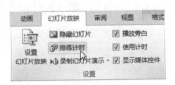

图 6-5-3　【排练计时】按钮

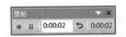

图 6-5-4　【预演】计时窗口

（3）不断地单击进行幻灯片的切换时，窗口中的数据不断地更新，在最后一张幻灯片中单击后，出现图 6-5-5 所示的提示对话框。

图 6-5-5　放映时间提示对话框

（4）单击【是】按钮后的效果如图 6-5-6 所示，幻灯片自动切换到幻灯片浏览视图，并且在幻灯片的左下角出现了每张幻灯片的放映时间。

图 6-5-6　幻灯片浏览视图

三、录制旁白

在有些情况下，用户可能希望在幻灯片放映过程中添加一些旁白，以便于对幻灯片中的内容进行说明。例如，在展台中放映有关产品信息的演示文稿时，用户可以通过语音旁白来介绍产品的详细信息，这样不仅省时省力，而且可以达到很好的宣传效果。如果要插入旁白，首先要制作旁白，其操作步骤如下。

（1）单击【幻灯片放映】选项卡的【设置】功能区中的【录制幻灯片演示】下拉按钮，选择【从当前幻灯片开始录制】命令，如图 6-5-7 所示。

（2）在弹出的【录制幻灯片演示】对话框中，勾选【幻灯片和动画计时】复选项，如图 6-5-8 所示，单击【开始录制】按钮即可。

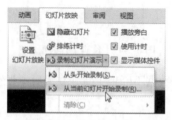

图 6-5-7　单击【从当前幻灯片开始录制】命令

图 6-5-8　【录制幻灯片演示】对话框

四、启动放映

放映幻灯片

设置完幻灯片的放映方式后，就可以启动放映了。

1. 从第一张开始放映

如果要从第一张开始放映，有下列两种方法。

（1）单击【幻灯片放映】选项卡中的【从头开始】按钮，如图 6-5-9 所示。

（2）按"F5"键。

如需结束放映，则单击鼠标右键，在弹出的快捷菜单中选择【结束放映】命令，或按"Esc"键。

2．从当前页开始放映

如果要从当前页开始放映，有下列 3 种方法。

（1）单击【幻灯片放映】选项卡中的【从当前幻灯片开始】按钮，如图 6-5-10 所示。

图 6-5-9　单击【从头开始】按钮　　　图 6-5-10　单击【从当前幻灯片开始】按钮

（2）按"Shift+F5"组合键。

（3）单击状态栏中的【幻灯片放映】视图按钮。

3．自定义幻灯片放映

一个演示文稿中，可能会有很多个页面，有时不需要把他们全部播放出来，这时可以自定义要播放的页面。操作方法是：单击【幻灯片放映】选项卡的【开始放映幻灯片】功能区中的【自定义幻灯片放映】按钮，在下拉菜单中选择【自定义放映】命令，如图 6-5-11 所示。

图 6-5-11　自定义放映

在弹出的【自定义放映】对话框中单击【新建】按钮，如图 6-5-12 所示。

在【定义自定义放映】对话框中输入幻灯片的放映名称，图 6-5-13 默认为"自定义放映 1"，在【在演示文稿中的幻灯片】列表框中将要放映的幻灯片添加到右侧的【在自定义放映中的幻灯片】列表框中，单击【确定】按钮，回到【自定义放映】对话框，单击【放映】按钮，即开始放映自定义的幻灯片。

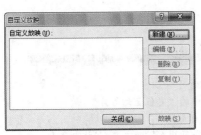　　　　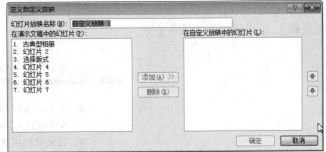

图 6-5-12　【自定义放映】对话框　　　图 6-5-13　【定义自定义放映】对话框

4．放映过程中常用的操作

（1）放映下一张幻灯片或下一个动画，方法有以下几种。

● 单击左键。

● 按回车键。

● 按向右键。

● 按向下键。

- 按"PageDown"键。
- 按空格键。
- 按"N"键。
- 单击鼠标右键在弹出的快捷菜单中选择【下一张】命令。
- 按"End"键可到达最后一张幻灯片。

放映上一张幻灯片或上一个动画，方法有以下几种。

- 按向左键。
- 按向上键。
- 按"PageUp"键。
- 按"BackSpace"键。
- 按"P"键。
- 单击鼠标右键在弹出的快捷菜单中选择【上一张】命令。
- 按"Home"键可到达第一张幻灯片。

（2）放映过程中定位至某幻灯片。如需在放映过程中定位至某幻灯片，可单击鼠标右键，从弹出的快捷菜单中选择【定位至幻灯片】命令，选择需要定位的幻灯片，如图 6-5-14 所示。

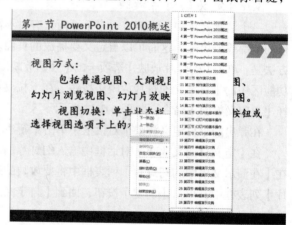

图 6-5-14　选择定位的幻灯片

（3）播放时改变鼠标指针的形状。在放映的过程中，右键单击鼠标，在弹出的快捷菜单中单击【指针选项】命令。在【指针选项】中，默认的是鼠标【箭头】，单击【笔】，如图 6-5-15 所示。此时，就可以在幻灯片中进行标注了，如图 6-5-16 所示。

当然，也可以把画笔的颜色更换掉。方法是：在【指针选项】中，选择【墨迹颜色】中的一种颜色即可。通过【指针选项】中的【橡皮擦】，可以将标注的线条擦除。

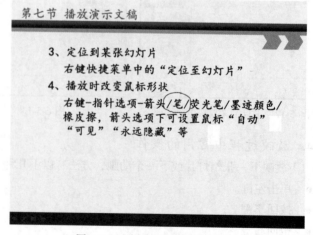

图 6-5-16　播放时用笔进行标注

图 6-5-15　播放时改变鼠标指针的形状

五、打包演示文稿

演示文稿打包主要用于在不启动 PowerPoint 2010 程序的情况下，直接放映演示文稿。使用 PowerPoint 2010 提供的打包功能可以将所有需要打包的文件放到一个文件夹中，然后将该文件复制到磁盘或网络上的某个位置，就可以将该文件解包到目标计算机或网络上并运行演示文稿。

（1）在【文件】选项卡中单击【保存并发送】按钮，在右侧弹出的面板中单击【将演示文稿打包成 CD】按钮，如图 6-5-17 所示。

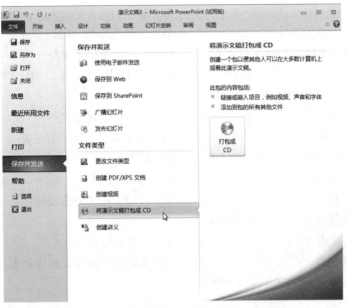

图 6-5-17　单击【将演示文稿打包成 CD】按钮

（2）单击【打包成】按钮，在弹出的【打包成 CD】对话框中的【将 CD 命名为】文本框中输入名称，如图 6-5-18 所示。

（3）单击图 6-5-18 中的【选项】按钮，打开图 6-5-19 所示的【选项】对话框，在该对话框中，可以设置程序包的类型，确定其是否含有链接的文件、字体，以及设置密码等参数。

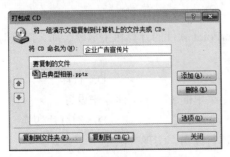

图 6-5-18　【打包成 CD】对话框

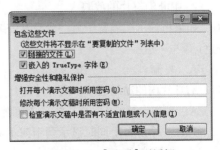

图 6-5-19　【选项】对话框

（4）在【打包成 CD】对话框中单击【复制到文件夹】按钮，打开【复制到文件夹】对话框，输入文件夹的名称和位置后，单击【确定】按钮。在弹出的对话框中单击【是】按钮。出现提示正在复制文件的窗口，此时不要进行任何操作，等待复制命令完成。复制命令完成后，到所选的目录中，即可看到打包的演示文稿文件。

习题

一、选择题

1. 演示文稿储存以后，默认的文件扩展名是（　　　）。

    A．pptx   B．exe   C．bat   D．bmp

2. 在 PowerPoint 中，"视图"这个名词表示（　　　）。

    A．一种图形   B．显示幻灯片的方式

    C．编辑演示文稿的方式   D．一张正在修改的幻灯片

3. 在 PowerPoint 菜单栏中，提供显示和隐藏工具栏命令的菜单是（　　　）。

    A．【格式】   B．"工具"   C．【视图】   D．【编辑】

4. 幻灯片中占位符的作用是（　　　）。

    A．表示文本长度   B．限制插入对象的数量

    C．表示图形大小   D．为文本、图形预留位置

5. 在 PowerPoint 中，幻灯片通过大纲形式创建和组织（　　　）。

    A．标题和正文   B．标题和图形

    C．正文和图片   D．标题、正文和多媒体信息

6. 幻灯片上可以插入（　　）多媒体信息。

    A．声音、音乐和图片   B．声音和影片

    C．声音和动画   D．剪贴画、图片、声音和影片

7. PowerPoint 的母版有（　　）种类型。

    A．3   B．5   C．4   D．6

8. PowerPoint 的"设计模板"包含（　　　）。

    A．预定义的幻灯片版式   B．预定义的幻灯片背景颜色

    C．预定义的幻灯片样式   D．预定义的幻灯片样式和配色方案

9. PowerPoint 的【超链接】命令可实现（　　　）。

    A．幻灯片之间的跳转   B．演示文稿幻灯片的移动

    C．中断幻灯片的放映   D．在演示文稿中插入幻灯片

10. 如果将演示文稿置于另一台没有安装 PowerPoint 软件的计算机上放映，那么应该对演示文稿进行（　　　）。

    A．复制   B．打包   C．移动   D．打印

11. 幻灯片内的动画效果，通过【幻灯片放映】菜单的（　　　）命令来设置。

    A．动作设置   B．自定义动画   C．动画预览   D．幻灯片切换

12. 想在一个屏幕上同时显示两个演示文稿并进行编辑，实现方法是（　　　）。

    A．无法实现

    B．打开一个演示文稿，选择插入菜单中的【幻灯片（从文件）】命令

    C．打开两个演示文稿，选择窗口菜单中的【全部重排】命令

    D．打开两个演示文稿，选择窗口菜单中的【缩至一页】命令

13.　*.pptx 文件的文件类型是（　　　　）。

　　A．演示文稿　　　　B．模板文件　　　　C．其他版本文稿　　　　D．可执行文件

14.　在（　　　　）模式下可对幻灯片进行插入、编辑对象的操作。

　　A．幻灯片视图　　　B．大纲视图　　　　C．幻灯片浏览视图　　　D．备注页视图

15.　在（　　　　）方式下能实现在一屏显示多张幻灯片。

　　A．幻灯片视图　　　B．大纲视图　　　　C．幻灯片浏览视图　　　D．备注页视图

16.　以下不能使用幻灯片缩图功能的是（　　　　）模式。

　　A．幻灯片视图　　　B．大纲视图　　　　C．幻灯片浏览视图　　　D．备注页视图

17.　下列选项中不是工具栏的名称的是（　　　　）。

　　A．常用　　　　　　B．格式　　　　　　C．动画效果　　　　　　D．视图

18.　在幻灯片页脚设置中，（　　　　）在讲义或备注的页面上是存在的，而在用于放映的幻灯片页面上无此选项。

　　A．日期和时间　　　B．幻灯片编号　　　C．页脚　　　　　　　　D．页眉

19.　在（　　　　）模式下，不能使用视图菜单中的演讲者备注选项添加备注。

　　A．幻灯片视图　　　B．大纲视图　　　　C．幻灯片浏览视图　　　D．备注页视图

20.　在幻灯片放映过程中，单击鼠标右键，选择【指针选项】中的【绘图笔】命令，在讲解过程中可以进行写写画画，其结果是（　　　　）。

　　A．对幻灯片进行了修改

　　B．没有对幻灯片进行修改

　　C．写画的内容留在了幻灯片上，下次放映时还会显示出来

　　D．写画的内容可以保存起来，以便下次放映时显示出来

21.　幻灯片的各种视图的快速切换方法是（　　　　）。

　　A．选择【视图】菜单对应的视图

　　B．使用快捷键

　　C．单击水平滚动条左边的【视图控制】按钮

　　D．选择【文件】菜单

22.　在当前演示文稿中要新增一张幻灯片，采用（　　　　）方式。

　　A．选择【文件】菜单中的【新建】命令

　　B．选择【编辑】菜单中的【复制】和【粘贴】命令

　　C．选择【插入】菜单中的【新幻灯片】命令

　　D．选择【插入】菜单中的【幻灯片（从文件）】命令

23.　保存演示文稿时，默认的扩展名是（　　　　）。

　　A．docx　　　　　　B．pptx　　　　　　C．wps　　　　　　　　D．xlsx

24.　如果要播放演示文稿，可以使用（　　　　）。

　　A．幻灯片视图　　　B．大纲视图　　　　C．幻灯片浏览视图　　　D．幻灯片放映视图

25.　要在选定的幻灯片中输入文字，应（　　　　）。

　　A．直接输入文字

　　B．先单击占位符，然后输入文字

　　C．先删除占位符中系统显示的文字，然后才可输入文字

　　D．先删除占位符，然后再输入文字

26. 在（   ）视图下，可以方便地对幻灯片进行移动、复制、删除等编辑操作。

    A. 幻灯片浏览　　　　B. 幻灯片　　　　　C. 幻灯片放映　　　　D. 普通

27. 要在选定的幻灯片版式中输入文字，可以（   ）。

    A. 直接输入文字

    B. 先单击占位符，然后输入文字

    C. 先删除占位符中的系统显示的文字，然后输入文字

    D. 先删除占位符，然后输入文字

28. 在演示文稿中，插入超链接时所链接的目标，不能是（   ）。

    A. 另一个演示文稿　　　　　　　　B. 同一个演示文稿的某一张幻灯片

    C. 其他应用程序的文档　　　　　　D. 幻灯片中的某个对象

29. 要在幻灯片上显示幻灯片编号，必须（   ）。

    A. 选择【插入】菜单中的【页码】命令

    B. 选择【文件】菜单中的【页面设置】命令

    C. 选择【视图】菜单中的【页眉和页脚】命令

    D. 以上都不行

30. 下列各项中，（   ）不能使幻灯片外观一致。

    A. 母版　　　　　　B. 模板　　　　　　C. 背景　　　　　　D. 幻灯片视图

二、操作题

制作"个人介绍"幻灯片，要求如下。

（1）内容包含个人基本信息、我的家乡、我的学校、我的好友、我的经历、我的梦想等页面。

（2）涉及"我的家乡"等素材（文字、图片、音乐、视频等）均可从网上下载。

（3）应包含至少 15 张幻灯片。

（4）内容充实、形式多样、页面美观。

（5）使用链接组织内容。

（6）适当添加动画效果和页面切换效果。